AF525255

ALLES AUF
VERÄNDERUNG!

JAKOB LIPP

ALLES AUF VERÄNDERUNG!

Mit Mut und gelungener Kommunikation
den Wandel gestalten

CAMPUS VERLAG
FRANKFURT/NEW YORK

ISBN 978-3-593-51937-1 Print
ISBN 978-3-593-45862-5 E-Book (PDF)
ISBN 978-3-593-45861-8 E-Book (EPUB)

Umschlaggestaltung: total italic, Thierry Wijnberg, Amsterdam/Berlin
Umschlagmotiv: © Shutterstock/igor kisselev
Satz: Publikations Atelier, Weiterstadt
Gesetzt aus der Sabon Next und der DIN
Druck und Bindung: Beltz Grafische Betriebe GmbH, Bad Langensalza
Beltz Grafische Betriebe ist ein klimaneutrales Unternehmen (ID 15985-2104-1001).
Printed in Germany

www.campus.de

»DER WAHRE ZWECK EINES BUCHES IST, DEN GEIST HINTERRÜCKS ZUM EIGENEN DENKEN ZU VERLEITEN.«

CHRISTOPHER DARLINGTON MORLEY[1]

INHALT

VORREDE

Alles auf Veränderung? Nur Mut!

Wir leben heute in einer besonderen Zeit – in einer Zeit der Veränderung. Obwohl: War es nicht ein gewisser Heraklit von Ephesos, der sagte: »Nichts ist so beständig wie der Wandel«? Er formulierte diesen philosophischen Satz immerhin 500 Jahre vor unserer christlichen Zeitrechnung. Heraklit setzte sich unter anderem mit dem natürlichen Prozess beständigen Werdens und Wandels auseinander. Kein Wunder, dass ihm später auch die heute noch populäre Kurzformel »Alles fließt« in den Sinn kam. Seine Sicht auf die Welt war die eines Philosophen. Es ging ihm um Einsicht und Erkenntnis und darum, Muster zu erkennen. Er schaute von außen auf das, was auch heute noch Weltordnung heißt.

Im Unterschied zu Heraklit schauen wir Menschen des 21. Jahrhunderts kaum mehr von außen darauf, sondern sind mittendrin in einer sich immer schneller verändernden Welt. Der größte Teil von uns jedenfalls. Und damit meine ich den überwiegenden Teil der Menschheit. Es ist ein stark subjektives Empfinden, das uns die Weltordnung mehr denn je als eine Unordnung erscheinen lässt – ein großes Chaos. Nichts hat mehr Bestand. Nicht die Gesellschaft, nicht die Wirtschaft, nicht die Politik, ja, und auch nicht das Klima. Nichts. Falls wir nicht gerade der kleinen Zunft der Welterklärer angehören, uns zurücklehnen und das Ganze aus der Distanz betrachten dürfen, fühlen wir uns wie im Schleudergang einer Waschmaschine – mindestens –, wenn nicht sogar wie im Zentrum eines Wirbelsturms. Wir haben schon lange das Gefühl, dass wir selbst nicht mehr der Motor der Veränderung sind, sondern Veränderung mit uns gemacht wird.

Sicher, Veränderung hatte für uns Menschen immer etwas mit Unsicherheit zu tun. Jede Veränderung bedeutet, sich auf etwas Neues einzulassen, das womöglich Risiken mit sich bringt. Wir haben daher ein großes Beharrungsvermögen gegenüber Veränderung entwickelt. Die Furcht vor der Veränderung ist sprichwörtlich geworden; hat sich als Redewendung in unserem Kopf und als Gefühl in unserem Herzen manifestiert. Was tun? Was müssen wir ändern, um Veränderung wieder als Chance zu sehen statt als Bedrohung? Zunächst müssen wir wieder erkennen und lernen, dass Veränderung etwas Positives in sich trägt. Ich meine Veränderung im Sinne der Erneuerung. Natürlich ist niemand von uns in der Lage, alle Dinge von heute auf morgen zu ändern. Aktive Veränderung braucht zunächst eine Veränderung des Bewusstseins. Stellen Sie sich einen Schalter vor, den wir umlegen müssen. Aus »Angst vor« müssen wir »Mut zu« machen. Wir müssen die rote Lampe aus- und die grüne einschalten. Erst recht, wenn es um die großen Themen geht, die uns nicht nur bewegen, sondern – mehr als uns guttut – aufwühlen: Digitalisierung, New Work, Nachhaltigkeit, Transformation.

Veränderung braucht Mut und Zeit

Was ist Mut? Mut ist im Gegensatz zu Furcht, Ängstlichkeit oder Angst eines jedenfalls nicht: ein hinderliches Gefühl. Höchstwahrscheinlich ist genau dies der Grund, warum es Mut überhaupt gibt. Denn, gäbe es keinen Mut, gäbe es keine Entwicklung, keinen Wandel, keinen Fortschritt. Wir säßen wahrscheinlich immer noch in der Höhle, hätten unsere Urahnen nicht den Mut gehabt, in eine ihnen mehr oder weniger fremde Welt hinauszugehen. Schließlich heißt es bekanntlich: Den Mutigen gehört die Welt. Ein besonderer Vertreter der Mutigen ist der Superheld. Ihn zeichnet aus, was wir Normalos oft gerne hätten. Aber nicht jeder kann so mutig sein wie die Superhelden im Kino. Mut ist aber eigentlich in jedem von uns vorhanden. Es ist ein Keim, der immer weiterwachsen kann. Allerdings ist dieser Keim leider oft von der Unsicherheit und von negativen Erfahrungen, die das Leben mit sich bringt, überlagert und kleingehalten worden. Und genau das ist der Punkt: Wir müssen unseren Mut zu neuem Leben erwecken. Mut gibt uns Kraft, Dinge zu machen, vor denen wir eigentlich Angst haben. Mut lässt uns wachsen. Nehmen wir die künstliche Intelligenz. Die einen verteufeln die neue Technik, die anderen beten sie geradezu an. Beides scheint mir übertrieben ungesund zu sein. Unser Mut-Satz sollte an dieser Stelle besser so lauten: Künstliche Intelligenzen können sehr hilfreich sein, wenn man versteht, sie als Werkzeug zur Unterstützung der eigenen Arbeit zu nutzen. Die Büchse der Pandora ist geöffnet, und wir können sie nicht einfach wieder schließen, sondern müssen lernen, damit umzugehen und künstliche Intelligenz sinnvoll zu integrieren.

Das hört sich alles wunderbar an? Warum starten wir dann nicht den Mut-Motor und legen den Schalter von »Angst vor« auf »Mut zu« um? Warum verändern wir nicht den Status quo?

Bei meinen Auftritten vor Publikum spielt Mut eine zentrale Rolle. Mut zur Veränderung ist mein Meta-Thema. Aber ich verrate Ihnen hier etwas: Wenn wir uns mutig den nicht wenigen Herausforderungen stellen wollen, die unserer Entwicklung und Veränderungsfähigkeit scheinbar wie unverrückbare Steine im Weg liegen, müssen wir zunächst an unserer Haltung arbeiten. Und das bedeutet: Wir müssen zuerst eine Veränderung zum Mut durchlaufen, bevor wir den Mut zur Veränderung überhaupt nutzen können. Auch ich war am Anfang meiner Bühnenkarriere nicht sofort der Jakob Lipp, den Sie heute erleben können. Tage vor meinem ersten Auftritt plagte mich erhöhtes Lampenfieber: Schlafstörungen, Bauchschmerzen und zittrige Nervosität. Und dass, obwohl ich vor Publikum stehen wollte. Ich wollte! Aber ich musste erst noch werden. Dazu musste ich erkennen, dass ich selbst eine Veränderung zum Mut zu durchlaufen hatte. Erst dann würde ich die Menschen in meinem Publikum glaubwürdig in ihrem Mutigsein bestärken können. Viele Jahre und unzählige Bühnenauftritte später betrete ich guten Mutes jede Bühne und tue das mit dem Ziel, Menschen in Unternehmen – Mitarbeitende, Führungskräfte und Unternehmenslenker – in ihrem Tun zu ermutigen. Empowerment nennt man das, was ich tue, heutzutage. Empowerment bedeutet auf Deutsch so viel wie »Ermächtigung«,

»Selbstbefähigung« oder »Stärkung von Eigenmacht und Autonomie«. Ich sage dazu: Stärkung des Eigen-Muts.

Und sicher ist: Ich kann Sie nicht nur in Ihrem Mut bestärken, ich kann Sie auch beruhigen. Ich habe immer noch ein bisschen Lampenfieber vor jedem Auftritt. Aber das ist normal. Dieser adrenalisierte Zustand ist schließlich evolutionär bedingt und bedeutet für mich Konzentration und Fokussierung, auf das, was da kommt – eine Schärfung der Sinne.

»Der oder die hat *Fièvre de rampe*, Rampenfieber«, sagte man im 19. Jahrhundert, wenn einem Bühnenkünstler unter den Gaslampen heiß wurde. Aus Rampenfieber wurde durch die Verwendung des Begriffs schließlich Lampenfieber. Wie gesagt: Alles normal. Als pathologisch ist Lampenfieber jedoch dann zu bezeichnen, wenn es zu akutem Erwartungsstress führt. Ein bekanntes Beispiel ist die britische Sängerin Adele. Es wird erzählt, dass sie zu Beginn ihrer Karriere während eines Konzerts in Amsterdam durch den Notausgang von der Bühne flüchtete. Und obwohl sie inzwischen weltweite Erfolge feiert und längst ein Superstar ist, bekommt sie trotz ihrer Routine wohl noch immer erhöhtes Lampenfieber, wenn sie vor Publikum auftreten muss. Zwar stellt sie sich ihrer Angst statt ihr auszuweichen, aber eine Veränderung zum Mut hat bei ihr offenbar noch nicht stattgefunden. Von einem endgültigen Urteil muss ich mich hier fernhalten. Aber vielleicht ist sie immer noch auf der Suche nach sich selbst, so, wie schon in ihrem Welterfolg »Hello« herauszuhören war.

An dieser Stelle muss ich leider einen etwas sehr strapazierten Begriff ins Spiel bringen: das Mindset. Was Mindset bedeutet, wissen die meisten von uns. Nochmal zur Erinnerung: Wir Menschen unterliegen bestimmten Denkmustern, die auf unserer Erfahrung gründen und sich auf unser Verhalten auswirken. Das heißt, dass unsere inneren Überzeugungen, unsere Gesinnung oder Mentalität, maßgeblich unsere Entscheidungen beeinflussen. Das bedeutet auch, dass unser Mindset, uns mutig oder ängstlich entscheiden lässt. Je nachdem, wie wir die unbekannte Situation oder das unerwartete Ereignis, dem wir uns gegenübersehen, aufgrund unserer Erfahrungen beurteilen. Und wenn wir dazu tendieren, ängstlich auf Unbekanntes, Neues zu reagieren, dann werden wir eher mutlos entscheiden. Dann beharren wir auf den Status quo. Also: nichts verändern, lieber soll alles so bleiben, wie es ist. Es sei denn, es droht eine vermeintliche oder tatsächliche Gefahr. Damit komme ich vom einen zum anderen und noch einmal zur Evolution. Für den Steinzeitmenschen gab es sicher viele bedrohliche Situationen. Etwa diese, wenn sich plötzlich ein Höhlenbär wenige Meter vor ihm aufbaute. Dem Menschen der Steinzeit blieben nur zwei Optionen: Kampf oder Flucht. Wenn er im Kampf keine Alternative sah, zögerte er keine Sekunde – vor allem, wenn er auf sich allein gestellt war – und ergriff die Flucht. Flucht hieß Konfliktvermeidung. Wir wissen nicht, wie es ausging. Aber in gewisser Weise hat der Steinzeitmensch überlebt – er lebt nämlich munter in uns weiter. Auch heutzutage kann es sinnvoll sein, das Weite zu suchen, wenn es kritisch wird, vor allem, wenn es ums Überleben geht. Heute läuft der Mensch jedoch eher vor einem Problem, einer Herausforderung oder vor etwas Unbekanntem fort, als vor einem wilden Tier. Flucht bedeutet, den Kampf zu vermeiden, aber das Problem (die Herausforderung, das Unbekannte) ist damit nicht aus der Welt. Der Höhlenbär lebt weiter, und der Steinzeitmensch wird ihm vielleicht schon bald wieder begegnen.

Die zweite Option, sich dem »Problembär« zu stellen, hieß Kampf. Zum Kampf kam es, wenn das Hirn des Steinzeitmenschen erkennen musste, dass es für eine Flucht zu spät war. In diesem Fall traf der Steinzeitmensch keine bewusste Entscheidung. Bei dieser Stressreaktion ging es um eine sekundenschnelle körperliche und seelische Anpassung an die Gefahrensituation. Der Körper wurde in erhöhte Alarmbereitschaft versetzt. Das Herz schlug schneller, der Atem beschleunigte sich, die Muskeln spannten sich an und die Pupillen weiteten sich. Das langsamere Großhirn schaltete sich ab. Sämtliche Reaktionen erfolgten instinktiv und dadurch schneller. Der Steinzeitmensch wurde im wahrsten Sinne des Wortes zur Kampfmaschine.

Kampf ist auch heute noch eine jener Lösungsstrategien, die von Menschen regelmäßig angewendet wird. Wahrscheinlich, weil sie wie die Flucht evolutionär in uns angelegt ist. Die Kampfstrategie hat jedoch einen entscheidenden Nachteil: Sie hinterlässt immer mindestens einen Verlierer. Denn kämpfen, heißt vernichten. Hier stellt sich die Frage, wozu es mehr Mut braucht: Zum Kampf oder zur Flucht? Ich bin mir sicher, dass es dabei keine eindeutige Antwort geben kann. Zunächst würde man denken, dass man für den Kampf wohl allen Mut zusammennehmen müsste, vor allem, wenn man gegen einen mächtigen Gegner antritt. Andererseits gibt es sicher Situationen, in denen ein Nachgeben oder Ausweichen (Flüchten) von großer persönlicher Reife zeugen kann. Um sich der Welt so zu präsentieren, braucht man jedoch eine Portion Mut. Denn wie leicht kann es passieren, dass man im ersten Augenblick für einen Feigling gehalten wird. Dieser Mut verdient Respekt. Am Ende des Tages kommt es aber wie immer auf die individuelle Situation an.

Mut macht Arbeit und Spaß

Dass man das Wort Mut bereits im Althochdeutschen findet, ist wenig überraschend. Mut ist eine Charaktereigenschaft und war daher für die Menschheit natürlich schon immer ein antreibender Zukunftsfaktor. Neugierig auf mehr? Mit der Wortgeschichte des Begriffes *Mut* beschäftigen sich unter anderem Mittelalter-Experten wie etwa Björn Schultz, nachzulesen auf seiner Website mittelalter-entdecken.de. Das Wort *Muot* hat seine sprachlichen Wurzeln im 8. Jahrhundert und bedeutet die *Kraft des Denkens und des Wollens*, aber auch *Sinn* und *Zorn*. Die indogermanische Vorsilbe *mo* bedeutet wiederum *sich mühen, heftig nach etwas streben*. Das Althochdeutsche *Muot* impliziert, dass Mut eine Kopfsache ist, und die Vorsilbe *mo*, dass Mut nicht vom Himmel fällt, sondern entwickelt werden muss. Diese beiden Erkenntnisse kann ich auch heute noch unterschreiben. Im Neuhochdeutschen, also seit etwa 1650, findet der Begriff Mut vor allem in Formulierungen wie *Unerschrockenheit in Gefahr* und *Kühnheit* Verwendung. Im Laufe von Jahrhunderten wurden viele Ableitungen und Zusammensetzungen mit Mut gebildet, einfach, um Stimmungen genauer beschreiben zu können. Einige dieser Wortschöpfungen werden heute noch mehr oder weniger häufig verwendet: Wagemut, Übermut, Wankelmut, Hochmut, Großmut oder Langmut. Im Althochdeutschen war übrigens auch die Verwandtschaft der Begriffe *Mut* und *Gemüt* bereits bekannt; ausgedrückt im Wort *gimuoti*, was so viel bedeutete wie *Gesamtheit der seelischen Kräfte* oder *Sinnesregung*.

Mut bedeutet für uns heutzutage in den meisten Fällen, sich einer bestimmten Herausforderung zu stellen. Wussten Sie, dass dabei verschiedene

Arten von Mut zum Tragen kommen? Die Wissenschaft kennt drei Varianten von Mut:

1. Mut, der angeboren ist;
2. Mut, der durch Vernunft erworben wird;
3. Mut, der extremen Form: fehlendes Risikobewusstsein.

In dieser dritten, seltensten, Form von Mut machen manche Menschen Dinge, die uns Mittelmutigen schlicht verrückt erscheinen. Ein Paradebeispiel sind Extremsportler. Durch verschiedene Untersuchungen innerhalb dieser Gruppe hat man festgestellt, dass bestimmte Areale im Gehirn, vor allem das Angstzentrum (Amygdala oder Mandelkern), in Extremsituationen kaum aktiv werden. Das ist der Grund, warum Extremsportler keine Angst verspüren; ganz gleich, ob sie auf einem Drahtseil über eine Schlucht balancieren oder an der Dachkante eines Hochhauses einen Handstand machen. Diese Form von Mut, die man als fehlendes Risikobewusstsein verstehen muss, ist angeboren. Sie lässt sich nicht trainieren.

Beim erworbenen Mut sieht es dagegen ganz anders aus. Hier spielt das menschliche Belohnungssystem eine große Rolle. Hauptakteur ist unser Gehirn. Es schüttet das Hormon Dopamin aus, das manche sicher auch als Feelgood-Hormon kennen. Dieser Stoff wird immer dann aktiviert, wenn wir erkannt haben, dass sich eine von uns geleistete Anstrengung ausgezahlt hat. Indem ein Gefühl der Zufriedenheit oder des Glücks eintritt, werden wir belohnt. Nach dem Motto: Mut tut gut!

Bliebe noch der Mut, der uns angeboren ist. Nein, ich meine nicht den Mut, der sich durch fehlendes Risikobewusstsein auszeichnet. Der angeborene Mut ist nichts für den gewissen letzten Kick. Beim angeborenen Mut geht es um eine gerichtete Motivation zu einer bestimmten Handlung – und zwar mit Verstand. Andererseits geht es um scheinbar unüberwindbare Emotionen wie der Angst. So oder so, eine bestimmte Handlung aufgrund einer gerichteten Motivation muss nicht zwangsweise positiv motiviert sein. Die Motivation etwas zu tun, kann konstruktive wie destruktive Absichten enthalten. Mutig zu sein, kann heutzutage aber auch heißen, etwas nicht zu machen. Sie sehen: Selbst der Sinn des Begriffs Mut ist im Wandel begriffen.

In jedem Fall hat die Vernunft beim angeborenen Mut die Oberhand. Der angeborene Mut kann von klein auf gefördert und auch noch im Erwachsenenalter trainiert werden. Und das sollte uns Mut machen.

Mut – wirtschaftlich betrachtet

So viel lässt sich bis hierhin sagen: Nach allgemeinem Verständnis sind wir dann mutig, wenn wir uns einer Herausforderung stellen, die uns eine größere oder scheinbar unüberwindbare Anstrengung abverlangt. Das ist unsere Sicht als Otto-Normal-Mensch. Aus Sicht des Psychologen ist Mut eine Charaktereigenschaft, die irgendwo in der Mitte zwischen Leichtsinn und Mutlosigkeit liegt. Eine klare Grenze lässt sich hier nicht ziehen. Eindeutig ist aber die Abgrenzung zwischen Mutlosigkeit und Leichtsinn. Leichtsinn ist ganz klar ein Handeln ohne Verstand. Mutlosigkeit ist dagegen das Resultat eigener, scheinbar unüberwindbarer Emotionen. Was Mut für uns so speziell macht, ist die Tatsache, dass wir den Ausgang einer mutigen Handlung nicht voraussagen können; wir aber wissen, dass unser Tun auch negative Folgen haben kann. Hier kämpfen Verstand und Emotionen einen permanenten Kampf um die Vorherrschaft.

Und was ist Mut aus der Sicht der Wirtschaft? Und um welche großen Herausforderungen geht es dabei? Die vier wichtigsten Schlüsselthemen, die für große Veränderungen stehen, will ich mit Ihnen dazu in diesem Buch betrachten: Digitalisierung, New Work, Nachhaltigkeit und Transformation.

Wo Wirtschaft sich grundsätzlich wandelt, braucht es viel Mut. Aber ist es nicht wunderbar, wenn am Ende des Tages für uns dank unseres mutigen Handelns die Aussicht auf Belohnung herausspringt, Kaskaden von Glückshormonen ausgeschüttet werden und wir uns von Führungskräften oder gar der Gesellschaft kräftig auf die Schultern klopfen lassen dürfen? Warum sind wir dann nicht einfach mutiger? Ganz einfach: Weil wir uns vor dem Risiko fürchten, dass wir etwas falsch machen könnten. Und darum verhalten wir uns lieber passiv. Und das Verrückte ist, wir haben auf diese Weise gelernt, dass noch viel mehr Dopamin ausgeschüttet wird, wenn wir nichts tun beziehungsweise unsere Verhaltensweisen nicht ändern. Ja, genau, es klingt verrückt, aber es ist so: *No risk, no fun* gilt nur für Extremsportler. Warum also sollten wir ein Risiko eingehen, wenn risikolos eine noch größere Belohnung winkt? Mut ist schön und gut, aber geht es nicht auch ohne? Sicher geht das. Aber nur, wenn wir nichts verändern wollen. Der Gesundheitspsychologe Prof. Michael Trimmel bringt es auf den Punkt: »Wo Bedrohung aus einer Handlung folgen kann, ist Mut entscheidend.«[1]

Bleiben wir noch kurz beim vermeintlich glückbringenden Nichtstun im Kontext von Veränderung. Denn in unserer Wirtschaft ist dieses Phänomen (Veränderung versus Nichtstun) leider nicht selten. Mut aber ist die Kraft, aktiv zu werden. Beispiel Innovation. Besonders in diesem Bereich fordern Unternehmen von ihren Mitarbeitenden gerne mutige Entscheidungen. (Bemerkung am Rande: Auch in der Politik erleben wir seit Monaten, dass die Transformation klare Entscheidungen braucht und hier die Schere zwischen den Parteien von »sofort und radikal« bis »später und halbherzig« auseinandergeht; was uns die einen als mutigen Fortschritt und die anderen als vorsichtiges Abwägen der Risiken verkaufen wollen.)

Aber zurück zum Thema Innovation in Unternehmen. Hierzulande haben wir gelernt, dass mutige Entscheidungen den Job und die Karriere kosten können. Was in den USA funktioniert, weil Scheitern dort zum Business gehört, ist in Europa verpönt. »Deshalb ist es zynisch, wenn ein Unternehmen keine angstfreie Kultur vorlebt und gleichzeitig mutige Entscheidungen verlangt. In so einer Umgebung verlieren selbst jene Menschen den Mut, die prinzipiell aufgrund ihrer Kindheitserfahrungen bereit wären, mehr zu riskieren.«[2] Geschlossenheit ist daher eine Grundvoraussetzung für mutige Entscheidungen. Anders gesagt: Nur wenn alle in einem Unternehmen hinter den Entscheidungen stehen, wagt es auch der Einzelne, sich mutig zu entscheiden. Bei vielen Unternehmen ist das ganz und gar nicht der Fall, und die Mitarbeitenden stehen unter einem ständigen Druck. Was unter anderem an der digitalen Permanenz liegt – der negativen Seite eines Arbeitslebens in der On-Demand-Blase –, von der noch im späteren Verlauf des Buches die Rede sein wird.

Mut zur Veränderung

Angeboren, erworben oder fehlendes Risikobewusstsein – es gibt nicht nur diese drei grundsätzlichen Varianten von Mut, wie sie die Psychologie definiert. Es wird Sie nicht verwundern, wenn ich als Kommunikationsexperte auch hier die Besonderheiten der deutschen Sprache betrachte – so wie Sie es auch erleben können, wenn ich vor Publikum auf der Bühne stehe. Man kann wirklich behaupten: Unsere deutsche Sprache ist voller Mut. Man könnte frischen Mutes ein Essay – wahrscheinlich sogar ganze Bücher – über Mut schreiben. Unmut, Schwermut, Hochmut, Anmut, Langmut; jemandem etwas zumuten, jemanden ermutigen.

Wir kennen die unterschiedlichsten Ausprägungen von Mut, die wiederum in unserer Sprache unterschiedlich zum Ausdruck kommen. Im Zentrum stehen für mich der Wagemut, der Übermut und die Ermutigung. Wagemut ist das, was wir im Allgemeinen unter Mut verstehen. Also eine Initiativkraft, die uns befähigt, trotz Bedrohung und Angst ein gewisses Wagnis einzugehen. Von Übermut ist dagegen die Rede, wenn als Folge von Selbstüberschätzung der Mut zur Leichtsinnigkeit tendiert.

Allem voran aber ist die Ermutigung mein Thema. Neudeutsch: Empowerment. Ich leite Menschen dazu an, sich in ihrer Selbstbefähigung und Autonomie zu stärken. Und ich zeige auf, wie es in Unternehmen durch mutiges Entscheiden und Handeln gelingt, Herausforderungen anzunehmen und zu bewältigen. Dabei kreisen meine Vorträge und Auftritte im Wesentlichen um die großen Themen wie: neue Formen der Arbeit, die Gewinnung und Bindung von Mitarbeitenden, Digitalisierung und Künstliche Intelligenz, Nachhaltigkeit, Transformation und Kommunikation.

Veränderungen bestimmen unser Leben – im Alltag ebenso wie im Business. Veränderungen sind essenziell für den Erfolg und überlebenswichtig. Dennoch bleibt mir in meiner Beratungsarbeit nicht verborgen, dass Menschen jeder Art von Veränderungen im Unternehmen menschlich entgegensehen – nämlich mit verhaltener Begeisterung. Hier setze ich mit meinem motivierenden Impulsvortrag »Mut zur Veränderung« an. Es geht darum, sich jeglicher Herausforderung mutig und entschlossen zu stellen und durch einen Wechsel der Perspektive zu erkennen, dass in jeder Veränderung auch Chancen stecken, die sich – ganz allgemein gesprochen – positiv auswirken können.

Es gehört Selbstbewusstsein dazu, offen zu sein für neue Sichtweisen und Dinge anders anzugehen. Den Mut zum *Change* aufzubringen, fällt leichter, wenn man die Reaktionen auf Veränderungen versteht und sich seiner Sache sicher ist. Wir haben es selbst in der Hand. Einerseits ist uns das bewusst. Andererseits sind wir alle Gewohnheitstiere. Wir lassen uns oft genug von unseren Ängsten vor vermeintlich negativen Reaktionen davon abhalten, dieses Wissen auch umzusetzen. Wir fragen uns ständig: Was ist, wenn andere die Veränderungen nicht gutheißen? Was ist, wenn wir durch unsere Entscheidung den Job aufs Spiel setzen oder sogar den Erfolg des Unternehmens riskieren?

Veränderungen fordern uns überall. Sei es die Anpassung an die schnellen Veränderungen im Konsum-, Kauf- und Freizeitverhalten; seien es neue Trends, durch die neue Märkte entstehen; sei es die Politik mit wechselnden Förderungen und Zuschüssen. Und nicht zuletzt verändert sich unser Leben auch aufgrund der wachsenden Zahl von Krisen. Aber auch das ist nicht neu. »Nächste Woche bitte keine Krise. Mein Terminkalender ist voll.«[3] Dieses Zitat wird Henry Kissinger zugeschrieben und zeigt, dass Krisen keine Erfindung des 21. Jahrhundert sind. Der Mann wurde 100 Jahre alt und war als ehemaliger US-amerikanischer Außenpolitiker von 1969 bis 1977 wahrlich krisenerprobt. Stichworte: Vietnam, Kalter Krieg und Nahostkonflikt.

Von Konsumverhalten bis Krisenbewältigung – all das erfordert sinnvolle Reaktionen. Zugleich müssen wir uns der europäischen Verantwortung unseres wirtschaftlichen und politischen Handelns bewusst sein: Wir alle sind Teil eines größeren Ganzen und verantwortlich für nachfolgende Generationen. Darum sollte es unser aller Ziel sein, nachhaltig und ressourcenschonend zu wirtschaften. Als weiteres Beispiel für den Prozess des Umdenkens, der für Unternehmen und Konzerne elementar wichtig ist, führe ich hier als letzten Veränderungstreiber die Digitalisierung an. Heute ist die Digitalisierung längst kein Trend mehr, sondern Bestandteil unseres Lebens. In den 1950er Jahren diskutierte man darüber, ob sich Fernsehen durchsetzt – wir kennen heute die Antwort. Es ist müßig, über die Zukunft der Digitalisierung zu spekulieren – wir sind mittendrin. Ähnliches gilt für New Work.

Fünf Tage oder vier Tage die Woche? Remote von zu Hause oder Präsenz am Arbeitsplatz? Hier geht es nicht mehr um ein Entweder-oder, sondern um ein Sowohl-als-auch. Diese und andere neue Formen der Arbeit sind bereits Bestandteil unserer Arbeitswelt.

Ist es mutig, gleich ein Buch über vier Meta-Themen zu schreiben?

Und warum ausgerechnet über diese vier? Letzteres lässt sich schnell beantworten. Diese vier Themen sind gegenwärtig schlicht und ergreifend die Schlüsselthemen, die uns in Wirtschaft, Gesellschaft und Politik am stärksten beschäftigen und fordern. Und das noch für sehr lange Zeit. Es sind die vier Themen, die sehr viele Fragen aufwerfen, auf die wir Antworten finden müssen. Punkt. Und damit komme ich zur ersten Frage: Ja, es ist mutig, ein Buch zu schreiben, das gleichzeitig vier Schlüsselthemen beinhaltet. Es ist insofern mutig, weil es eine Mammutaufgabe ist. (Der Mammutaufgabe werden Sie in diesem Buch später übrigens noch einmal begegnen.) Für mich war allerdings von Anfang an klar, dass ich sie anpacken will. Denn als Mutmacher sehe ich mich in der Verantwortung. Ich kann nicht nur Mut predigen, ich muss selbst auch danach handeln und einen ordentlichen Schluck aus der Mutpulle nehmen. Glauben Sie mir, ich wusste nicht, was auf mich zukommt. Aber bei allem, was neu ist, wissen wir nicht sicher, was auf uns zukommt. Wir ahnen es lediglich; dabei würden wir es so gerne genau wissen. Sicher ist dabei nur eines: Es erfordert Offenheit, Neugier, Vertrauen, Selbstbewusstsein und nicht zuletzt auch immer Mut, sich auf das Neue einzulassen. Mut ist Veränderungsenergie. Folgen Sie mir.

Herzlichst, ihr Mutmacher!
Jakob Lipp

Vorab möchte ich noch betonen, dass Sie in diesem Buch keine Wissenschaft am Hochseil erwartet. Mir geht es bei allen Betrachtungen und Darstellungen stets darum, die wesentlichen Erkenntnisse aus den einzelnen Themenbereichen herauszuarbeiten. Nicht mehr und nicht weniger. Ein anderes Vorgehen würde den Rahmen dieses Buches sprengen. Mir ist bewusst, dass man für jedes der vier hier versammelten Themenkomplexe ein eigenes Werk verfassen könnte; einzelne füllen bereits die Regalreihen in den Bibliotheken und im Buchhandel. Mein Ziel ist ein anderes: Dieses Buch soll Denkanstöße geben, es soll Sie motivieren und inspirieren und bis zu einem gewissen Grad informieren, aber nicht lehren und schon gar nicht belehren. Viele von Ihnen sehen sich mit den hier beleuchteten Themen zunehmend konfrontiert. Andere sind bereits Experten. Lesen Sie dieses Buch so, wie Sie ein gutes Gespräch führen würden. Und wenn Sie aus den folgenden Seiten auch nur einen Impuls mitnehmen, der Sie entscheidend weiterbringt, freue ich mich, Sie dabei begleiten zu dürfen.
Mehr über meine Vorträge, meine Arbeit und mich erfahren Sie hier: www.jakoblipp.com

An meine Leserinnen und Leser: Der Einfachheit halber und um den Textfluss nicht zu stören, verwende ich beim Schreiben oft das generische Maskulinum, aber nicht ausschließlich. Ich weiche genauso oft davon ab, weil diese Form nicht uneingeschränkt in der Lage ist, sowohl männliche als auch weibliche Personen zu adressieren. Manchmal ist es einfach zu ungenau. Umgekehrt widerstrebt mir persönlich die Verwendung diverser Personenbezeichnungen, die angeblich für eine geschlechtergerechte Sprache sorgen sollen. Dazu zählen das Gendern mit Binnen-I, Binnen-Doppelpunkt und Binnen-Stern sowie das Gendern mit Paarform oder Schrägstrich. Ich schreibe lieber gendersensibel, und das heißt, dass ich alle Formulierungen verwende, die Personen adressieren können – vielfältig wie im wahren Leben.

DIGITALISIERUNG

GROSSE CHANCE ODER SCHÖNER SCHEIN?

DER WANDEL DER KOMMUNIKATION IM ZEITALTER DER DIGITALISIERUNG

Die Kommunikation hat sich in den letzten hundertfünfzig Jahren in immer kürzeren Zeitabständen komplett verändert. Ich will Sie nicht allzu tief in die Vergangenheit zurückbeamen, aber es gab tatsächlich eine Zeit, da Postkutschen und Dampfloks Menschen und auch die Post transportierten. Und wenn es schnell gehen sollte, griff man zum Telegramm. Danach ging es mit der Kommunikation *fast-forward*. Auf den Brief folgte ab Anfang der 1920er Jahre der Radioapparat. »Hier ist Berlin, Voxhaus.«[1] Mit diesen Worten begann am 29. Oktober 1923 das Rundfunkzeitalter in Deutschland. Nur wenige Hörer, die sich damals einen Radioapparat leisten konnten, wurden Ohrenzeugen der ersten Stunde des deutschen Rundfunks. Zum unrühmlichen Massenmedium wurde das Radio mit den Nationalsozialisten, die es als Sprachrohr für ihre Propaganda nutzten. Das Volk versammelte sich um einen etwa Schuhkarton großen braunen Kasten aus Bakelit oder Holz, Volksempfänger genannt, und empfing am 25. März 1933 die polternden Propagandabotschaften aus Berlin: »Der Rundfunk gehört uns und niemandem sonst!«[2] Aber am Ende drangen auch die Worte von Admiral Dönitz an ihre Ohren, der am 8. Mai 1945 über das Radio die bedingungslose Kapitulation verkündete. Schlusspunkt und Neuanfang. Aus dem Propagandamedium wurde ein Unterhaltungsmedium. Dann, ab etwa 1950, begann das Fernsehzeitalter. Das Volk schaltete von Radio auf TV um. Wobei auch das wieder eine Frage des Geldes war. Der erste in der Bundesrepublik Deutschland nach dem Krieg in Serie hergestellte Fernseher war der Telefunken FE8. Er kostete 1000 D-Mark. Das war in den 1960er Jahren ein ordentliches Sümmchen. 1000 D-Mark entsprachen damals ungefähr dem doppelten durchschnittlichen Monatsgehalt eines Arbeiters. Wer sein Wohnzimmer mit einem Fernseher ausstatten konnte, sah zuerst schwarz-weiß, dann ab den 1970ern in Farbe. Immer vorausgesetzt, er konnte sich ein Farb-TV überhaupt leisten. 1970 standen nur in knapp 6 000 Haushalten der Bundesrepublik Farbfernseher. Nachdem sich das Fernsehen etabliert hatte, hoben die Deutschen ab. Bildlich gesprochen. Das Telefon begann sich mehr und mehr durchzusetzen. Es sollte bald zum beliebtesten Kommunikationsmittel aufsteigen. Aber das dauerte noch etliche Jahre. Denn bis 1970 hatten viele deutsche Familien noch kein eigenes Telefon. Man kann es sich kaum noch vorstellen, aber für viele war das lange ein unbezahlbares Luxusgut. Wenn ich zurückdenke, hatten meine Eltern zu meiner Kindheit keinen eigenen Telefonapparat. Mein Vater fuhr mit seiner alten blauen DKW Hummel zum Nachbarn, legte ihm ein 50-Pfennig-Stück auf den Tisch und telefonierte von dort. Dann kam der Tag, an dem auch wir ein Festnetztelefon erhielten. Wir telefonierten aber nur, wenn es unbedingt nötig war. Zu teuer. An Ferngespräche kann ich mich gar nicht erinnern.

Nach dem Telefon kam es zu einem kommunikativen Quantensprung. Technisch betrachtet wurde aus der Schritt-für-Schritt-Entwicklung, also aus der Evolution, eine Revolution – kabelgebunden, kabellos, grenzenlos. Spätestens mit dem globalen Durchbruch des Internets seit 1990 hat sich die menschliche Kommunikation grundlegend verändert. Knapp zehn Jahre vorher erblickte übrigens das erste Handy das Licht der Kommunikationswelt. Es war noch ein sehr unhandliches Gerät, Mobiltelefon genannt – und kam aus den USA, von Motorola. Auch der Computer, der als Endgerät für das Internet zunächst unerlässlich war, war anfangs kastenförmig und schwer. Erste Personal Computer, kurz PC, gab es zwar schon in den 1970er Jahren, aber erst ab 1981 hielt der Begriff mit dem IBM Personal Computer in unserem Sprachgebrauch Einzug. Wenig später, am 24. Januar 1984, stellte ein gewisser Steve Jobs den Macintosh 128k vor. Die staunende Welt sah einen knuffigen Kasten, den man für 2 495 US-Dollar kaufen konnte. Sein Kunststoffgehäuse zeigte eine helle, bräunlich-gelbe Farbe, als hätte man das Ding zu lange intensivem Zigarettenqualm ausgesetzt. Aber wie wir wissen, setzte Steve Jobs mit diesem Würfel den Startpunkt einer grandiosen Markengeschichte. Das konnte auch der stattliche Preis des ersten Apple, der damals noch die Bezeichnung Macintosh trug, nicht verhindern. Ungefährer Verkaufspreis in Deutschland damals 10 000 D-Mark.

Lange Zeit waren Bildschirme und Rechner in einem Corpus verbaut. Man schaute, ähnlich wie bei einem Fernsehgerät, in die Röhre. Erst um das Jahr 1997 herum brachten einige Hersteller (IBM, Apple, ViewSonic) leistungsfähige Farb-LCD-Monitore zu bezahlbaren Preisen auf den Markt. Nach und nach wurden die Bildschirme immer flacher, während die Ansprüche an die mobile Kommunikation wuchsen. Dazu wurden die Mobiltelefone geschrumpft, sie wurden klein und leicht – und internetfähig. Das Briefeschreiben, das Radiohören, das Festnetztelefonieren, der Teletext wurde immer mehr von SMS, WhatsApp oder Spotify ersetzt. Ach ja, Telegramme gibt es heute immer noch. Sie kommen jedoch nur im Singular vor und schreiben sich mit einem »m«. Nicht jeder nutzt es, aber fast jeder kennt es: Telegram ist ein kostenloser Instant-Messaging-Dienst zur Nutzung auf Smartphones, Tablets, Smartwatches und PCs, der übrigens in Russland entwickelt wurde.

So weit mein Schnelldurchlauf.

Zurzeit befinden wir uns gesellschaftlich mitten im *Aetatis Communicationis*. Versuchen Sie es erst gar nicht – den Begriff werden Sie bei Google

WHATSAPP	YOUTUBE	INSTAGRAM	SNAPCHAT	TIKTOK	PINTEREST
96 % (+-0 %*)	94 % (-1 %*)	75 % (-6 %*)	69 % (-1 %*)	68 % (-2%*)	39 % (-3 %*)
♀ 96 % | ♂ 96 %	♀ 90 % | ♂ 97 %	♀ 75 % | ♂ 74 %	♀ 71 % | ♂ 68 %	♀ 69 % | ♂ 67 %	♀ 58 % | ♂ 21 %
Beliebteste Messenger-App Nachrichten, Bilder, Videos, Audio und Dateien Gruppenchats Videotelefonie Standort teilen	Videoplattform Informationen und Unterhaltung Beliebteste Suchmaschine bei Jugendlichen	Plattform für inszenierte schöne Bilderwelten Bilder und Videos Stories oder Reels	Foto-App für Schnappschüsse Filter Gruppen Snapmap »Streak« als Freundschaftsbeweis	Plattform für kreative Videoclips & Playback-Videos Kommunikation mittels Videos	Plattform für Inspiration und Kreativität (Do-it-yourself) Bilder und Memes Boards

* Im Vergleich zum Jugend-Internet-Monitor 2022

Abb. 1: Welche Internet-Plattformen stehen bei Jugendlichen hoch im Kurs?
Quelle: *Jugend-Internet-Monitor 2023 (Österreich)*[3]

oder sonst wo nicht finden. Ich habe ihn mir gerade ausgedacht, denn ich kann mir gut vorstellen, dass zukünftige Generationen irgendwann einmal vom epochalen Kommunikationszeitalter, dem *Aetatis Communicationis*, sprechen werden. Oder vielleicht schon bald. Wer weiß?

Die Veränderungen gehen jedenfalls rasend schnell. Meine Generation wurde noch von Textnachrichten via SMS geprägt. Fast niemand simmst heute noch. Laut »Jugend-Internet-Monitor« 2023[4] nutzen Jugendliche in Österreich allem voran WhatsApp (96 Prozent) und YouTube (94 Prozent), gefolgt von Instagram, Snapchat und TikTok. *Pinterest* (39 Prozent) zählt heute schon zu den Verlierer-Plattformen. Und *X*, formerly known as Twitter, geht bei den Jugendlichen gar nicht mehr: 18 Prozent. Der »Jugend-Internet-Monitor« ist eine jährlich durchgeführte und repräsentative Studie im Auftrag von Saferinternet.at, die zum Ziel hat, herauszufinden, wie beliebt welche Sozialen Netzwerke bei Jugendlichen (11 bis 17 Jahre) in Österreich sind. Ein entsprechendes Monitoring in Deutschland ist mir nicht bekannt.

Die Prioritäten der User, bezogen auf die Kommunikationskanäle und damit die Nutzung bestimmter Anbieter, ändern sich scheinbar alle drei bis fünf Jahre. Verzeichnet heute noch einer dieser Tech-Tools einen enormen Zuwachs, kann es mit ihm schon übermorgen rapide bergab gehen. Einstmals führende Hersteller von Handys wie etwa Motorola oder Nokia, die bei der rasend schnellen Entwicklung nicht mithalten konnten, sind innerhalb weniger Jahre nahezu vollständig vom Markt verschwunden. Dazu kommt das sich permanent verändernde Kommunikationsverhalten. Messenger-Dienste wie SMS und MMS sind dem Innovationskarussell zum Opfer gefallen. Der Anteil von SMS und MMS tendiert – im Vergleich zu Kurznachrichten über den Facebook Messenger oder vor allem WhatsApp und Co. – gen null. Mit dieser Turbo-Entwicklung konnten viele Unternehmen mit starren Strukturen nicht schritthalten.[5]

Aber selbst Facebook, einst der Social-Media-Kanal schlechthin, ist für die junge Generation bereits so was von gestern. Der Lebenszyklus eines Kanals oder Anbieters ist an Jahren gemessen überschaubar. Man fragt sich, was schneller geworden ist: die Zyklen der Kommunikationstechnik oder das Kommunikationsverhalten der Menschen. Tatsache ist, dass fast jeder von uns immer das neueste Smartphone in der Tasche hat, und viele die

Top-Technik der neuesten Generation im Homeoffice horten. Übrigens: Dass man mit einem Smartphone auch telefonieren kann, muss man schon ausdrücklich betonen. Denn die kleinen Dinger können längst wesentlich mehr als nur die menschliche Stimme übertragen oder eine Textnachricht transportieren. Sie können Stimmung machen. Ja, sie sind zu einer Art Waffe geworden, mit der man gezielt Botschaften in die Welt schießt. Nicht umsonst spricht man vom Cyberkrieg. Auch die Politik ist davon nicht ausgenommen. Politik wird heute nicht mehr nur im Parlament, sondern zum Teil über Telegram und Twitter beziehungsweise X gemacht. Trump lässt grüßen. Oder nehmen wir die Prominenz und zum Beispiel einen einzelnen Post eines bekannten Fußballprofis, dessen Tweet eine Lawine der Empörung in seinem Verein auslöste. Nur, weil er seinen Besuch auf der Pariser Fashion-Week im Januar 2023 zu einem vermeintlich falschen Zeitpunkt öffentlich machte und sich dabei im modischen Outfit präsentierte. Man ist eben heutzutage nicht nur immer und überall erreichbar, sondern auch immer und überall sichtbar. So ziemlich aus allen Ecken der Welt kann man eine Nachricht oder ein Foto oder ein Video verbreiten und entweder gute oder schlechte Stimmung machen.

Mit der Omnipräsenz moderner Kommunikationsmittel, ihrer ständigen Verfügbarkeit und der Niederschwelligkeit ihrer Nutzung ist leider auch das qualitative Niveau der Kommunikation signifikant abgesunken. Das lässt sich etwa daran feststellen, dass der Ton der Kommunikanten im Netz deutlich rauer und sogar aggressiver geworden ist. Aber auch scheinbar harmlose Grammatik- und Orthografiefehler in Textnachrichten und Posts sind mittlerweile etwas völlig Normales. Sie werden regelrecht geduldet oder sind sogar bewusst gewollt. Eine Influencerin, deren Name hier nichts zur Sache tut, erzählte in einem Interview, dass sie gezielt Rechtschreibfehler einbaue, weil das zu mehr Kommentaren und mehr Interaktion und somit mehr Aufmerksamkeit und Reichweite führe.

Ein weiteres Problem ist das schnelle Verbreiten von Fehlinformationen. Fake News können innerhalb kürzester Zeit für eine große Anzahl von Menschen bereitgestellt werden. Und oft genug nutzen einzelne Persönlichkeiten oder Personengruppen unserer Gesellschaft gewisse Plattformen, um falsche Informationen zu streuen oder ihrer Wut Ausdruck zu verleihen. Das haben auch längst verschiedene Konflikt- und Kriegsparteien erkannt. Die sozialen Medien spielen inzwischen eine besondere Rolle, wenn es um die öffentliche Wahrnehmung einer kriegerischen Auseinandersetzung geht. Im Netz ist ein Kampf um die Kommunikationshoheit entbrannt.

Ich will nicht sagen, dass die Digitalisierung für die Qualität der menschlichen Kommunikation mehr Nach- als Vorteile bringt, aber die negativen Einflüsse der Digitalisierung auf die zwischenmenschliche Kommunikation müssen uns zu denken geben. Mehr dazu gibt es im nächsten Kapitel zu lesen: Einflüsse der Digitalisierung auf menschliche Kommunikation.

Nehmen wir uns an dieser Stelle einfach einmal das Thema Schnelligkeit vor und betrachten zunächst das Gute an ihr. Peter Walla, österreichischer Neurobiologe und Professor an der Sigmund Freud Privatuniversität Wien, schreibt in einem Gastkommentar für die Austria Presse Agentur dazu:

> »[Digitale] Technologien sparen nicht in jeder Hinsicht Zeit, es ist auch nicht unbedingt so, dass sie uns produktiver machen. Am interessantesten ist allerdings die Tatsache, dass uns digitale Kommunikationsgeräte auch nicht unbedingt näher zusammenbringen. Digitale Kommunikation kann niemals biologisch echte ersetzen. Klarerweise fehlen diverse sensorische Kanäle, die über viele Millionen Jahre der Evolution zusammen mit äußerst empfindlichen Sende- und Empfängersystemen einen multimodalen Kommunikationsapparat entstehen haben lassen. Natürliche Kommunikation läuft sowohl verbal als auch nicht-verbal ab. Mimik, Körperhaltung, Geruch, Gestik, Sprachmelodie, simpler Augenkontakt sind nur einige von vielen weiteren Informationsquellen, deren Bedeutungen lange unterschätzt wurden.«[6]

Die Tatsache, dass durch die digitale Kommunikation unser unmittelbares menschliches Miteinander leidet, sich Nähe und Nahbarkeit ungünstig verändert haben, wird schnell mal vergessen, wenn wir die vermeintlich vorteilhafte Schnelligkeit isoliert betrachten.

Nehmen wir beispielhaft noch einmal das Handy zu Hand. Ich erinnere mich noch gut an eine Zeit, als ich Knirps war, am Samstag die Bundesliga-Spiele anstanden und ich sie mir leider nicht im Radio anhören konnte. Schlicht, weil wir keines besaßen. Ich musste warten, bis Montagmittag der Postbote die Zeitung brachte, um zu erfahren, wie mein Lieblingsverein gespielt hatte. Heutzutage bekomme ich bei jedem Tor eine kurze Push-Nachricht mit einem Signalton auf mein Handy. Und wenn der Video-Assistent in Köln im Keller bei einer strittigen Szene oder einer unklaren Entscheidung des Schiedsrichters eingreift, dann bekomme ich diese Meldung natürlich auch prompt gepusht. Ja, ich hänge auch dran am Handy – leider oft mehr, als mir lieb ist –, aber ich hänge nicht daran. Ich will aber auch nicht zurück in die Steinzeit der Kommunikation. Jedoch erinnert mich die ständig vernetzte Welt fatal an Orwells *1984* – Big Brother is watching you! Und weil das so ist, mahne ich mich immer wieder selbst, kritisch zu bleiben. Ich rate Ihnen, es mir nachzutun.

Während ich dieses Buch schreibe, halten neue Technologien Einzug in unser tägliches Leben. Künstliche Intelligenz (KI) und selbstlernende Systeme erleben seit geraumer Zeit einen Hype. Tech-Unternehmen sammeln Unmengen von Daten (Big Data). Diese Datenmassen und deren Verarbeitung wirken sich schon heute erheblich auf unsere Kommunikation aus – im Alltag genauso wie in Unternehmen. Oft bemerken wir es gar nicht. Nur ein Beispiel, was die Vernetzung, intelligenter Systeme und Big Data in Zukunft leisten kann, zeigt sich bei der Emotionserkennung von Menschen mittels KI und einer damit einhergehenden Online-Kommunikation auf emotionaler Ebene. China lässt grüßen.

Aber die schöne neue Digitalwelt ist nun mal so, wie sie ist. Man muss kein Prophet sein, um vorherzusagen, dass die Zahl an E-Mails, Messages und Kommunikationstools im Business nicht mehr abnehmen wird. Wir kommunizieren immer und überall. Dazu kommt, dass die Inhalte aufgrund moderner Algorithmen immer persönlicher werden; maßgeschneidert auf unsere Bedürfnisse und Erwartungen. Wenn wir die neuen Technologien aber in unserem Sinne richtig nutzen, können sie uns dabei unterstützen, die Unternehmenskommunikation effizienter, direkter, emotionaler und relevanter für alle Beteiligten zu machen. Diese Chancen sollten wir als solche begreifen und unbedingt nutzen.[7]

Wie selbstverständlich nutzen Menschen heute die Möglichkeiten der digitalen Kommunikation, und viele Unternehmen nutzen davon tunlichst alles, was möglich ist. Das hat gute Seiten und Effekte – auch für den Einzelnen. Arbeit wird immer unabhängiger vom Arbeitsplatz. Neue Tools wie Mitarbeiter-Apps, zentrale Wissensdatenbanken sowie offene, direkte und schnelle Kommunikation über alle Ebenen hinweg wird zu einem entscheidenden Faktor, wenn es um die Wettbewerbsfähigkeit geht. Wissen sollte jedoch im Unternehmen verbleiben. Mein Appell an Entscheider lautet daher: Die Sicherung von Unternehmenswissen gelingt am besten über eine hohe Loyalität und Motivation der Mitarbeitenden. Dies wiederum hängt eng mit einem Dialog auf Augenhöhe zusammen. Und wenn wir uns ganz eng, also im Kontext der Kommunikation bewegen – unabhängig davon ob digital oder analog –, muss geklärt sein, ob ein Sender die Sprache des Empfängers spricht.

Das gilt nicht nur in der internen Kommunikation, sondern auch in der Kommunikation nach außen, an die Zielgruppe gerichtet, an bestehende und zukünftige Kundinnen und Kunden. Ich kann mich noch gut daran erinnern, als der Zugbegleiter auf einer Bahnfahrt durchs Allgäu eine Durchsage machte und wissen wollte, wem das Velo im Zugabteil gehörte. Velo? Es meldete sich niemand, da im Allgäu das Fahrrad nun mal Fahrrad heißt und nicht Velo. Ein Velo kannte niemand. Und das Fahrrad versperrte weiterhin den Durchgang. Im Kontext der Kommunikation muss auch geklärt sein, wer in einem Unternehmen nach außen kommuniziert. Wer kommuniziert mit welchen Zielgruppen? Weiß der oder die Kommunizierende, wie Gen X, Y oder Z angesprochen werden will? Und ganz zuletzt sage ich: Für die Mitarbeitenden in den Unternehmen und Behörden muss klar sein, was Digitalisierung in ihrem Unternehmen überhaupt bedeutet. Das hört sich einfach an, doch nach meiner Erfahrung wird dieser Begriff sehr weit aufgefasst, da er oft genug nicht klar kommuniziert wird. Bei einer Keynote für eine größere Kommune durfte ich zum Thema »Digitalisierung und Wandel« sprechen. Ein Verwaltungsfachangestellter im Publikum meldete sich zu Wort: »Herr Lipp, wir scannen ja eh schon so vieles ein!« Wenn der Herr wüsste, was schon alles möglich ist. – Ich würde sagen: Wir sollten im Gespräch bleiben!

WIR KOMMUNIZIEREN MIT DER ZUKUNFT UND NEHMEN MIT!

Fünf Take-aways, die auf dem Weg zur Digitalisierung Orientierung geben:

- Definieren Sie im Unternehmen unbedingt, was Digitalisierung ist und was nicht.
- Orientieren Sie sich an den aktuellen Entwicklungen, aber versuchen Sie nicht, alte Strukturen auf Biegen und Brechen sofort und überall durch digitale zu ersetzen.
- Direkte Ansprachen auf emotionaler Ebene haben in einer Zeit digitaler Informationsflut oberste Priorität.
- Eine offene und ehrliche Bottom-up- sowie Top-down-Kommunikation über die richtigen Instrumente und Kanäle ist zwingend notwendig.
- Ganzheitliche Konzepte für die interne und externe digitale Unternehmenskommunikation sollten in Dialogform etabliert werden.

EINFLÜSSE DER DIGITALISIERUNG AUF MENSCHLICHE KOMMUNIKATION

Zunächst möchte ich klären, was wir meinen, wenn wir von Digitalisierung sprechen. Genauer gesagt: Ich möchte wissen, was Sie meinen, was ich meine, was Digitalisierung bedeutet. Verwirrt Sie das? Gut, dann habe ich erreicht, was ich wollte. Ich wollte erreichen, dass Sie erkennen, dass bezüglich der Begrifflichkeiten so einiges vermischt und durcheinandergebracht wird. Die Begriffe liegen ja auch verflixt dicht beieinander: Digitalisierung, Digitaler Wandel beziehungsweise Digitale Transformation. Glauben Sie mir: Manch einer, der vom Digitalen Wandel spricht, ist noch in der Phase der Digitalisierung, glaubt sich aber schon in der Phase der Transformation. Und dieser Glaube wirkt sich natürlich auch in gewisser Weise auf die Kommunikation aus. Es kommt in der Folge nämlich zu Verwechslungen und Missverständnissen. Eins ist sicher: Digitalisierung ist nicht gleichzusetzen mit Digitaler Transformation. Zwar gibt es Gemeinsamkeiten, aber es gibt vor allen Dingen Unterschiede. Grundsätzlich sei gesagt: Digitalisierung ist etwas anderes als Digitale Transformation. Digitalisierung bedeutet, Analoges auf Digitales umzustellen, und das mithilfe digitaler Technologien. Erinnern Sie sich an das Beispiel ganz am Schluss des vorigen Kapitels? Da ging es ums Scannen. Scannen macht die digitale Archivierung von analogen Vorlagen möglich. Und damit sind wir beim Kern der Sache: Digitalisierung bedeutet, digitale Technologien in bereits bestehende Geschäftsprozesse zu implementieren. Was wir früher analog gemacht haben, können wir unter Einsatz moderner Technologien und digitaler Anwendungen schneller und effizienter erledigen. Implementierung – auch so ein Begriff, der nicht gerade alltäglich ist, außer man ist IT-Experte. Wenn nicht, hat man kaum mit der Implementierung neuer EDV-Systeme zu tun. Implementierung heißt übersetzt im engeren Sinne Einfügen oder Umsetzen, im weiteren Sinne Realisieren. Implementierung als Vorgang kann uns außer in der IT beispielsweise auch in der Politik begegnen. Die Umsetzung eines Gesetzentwurfs bezeichnet man ebenso als Implementierung.

Und jetzt zum Digitalen Wandel und der Frage, was diesen von Digitalisierung unterscheidet: Im Gegensatz zur Digitalisierung bedeutet Digitale Transformation die komplette Umwandlung bestehender Geschäftsprozesse und Geschäftsmodelle. Und das hat nur indirekt etwas mit Technologie zu tun. Technologie ist hier Mittel zum Zweck.

Zusammengefasst bedeutet Digitalisierung also die Umwandlung analoger Daten in digitale Formate und die Digitale Transformation die Umwandlung ganzer Geschäfts- und Arbeitsprozesse mithilfe digitaler Informationstechnologien. In diesem ersten Teil des Buches sprechen wir über die Digitalisierung. Mit dem Digitalen Wandel beschäftigen wir uns im vierten Teil über Transformation.

Die Digitalisierung hat sich in unser Leben und damit auch in unsere tägliche Kommunikation über viele Jahre eingeschlichen. Und mit schleichend meine ich nicht, die Tatsache, dass die Umstellung von Analog auf Digital in Deutschland seit Jahren nur sehr schleppend läuft. Ich meine etwas anderes. Fällt Ihnen vielleicht spontan eine Form der Digitalisierung ein, die uns schon seit Langem bekannt ist und die unsere alltägliche Kommunikation erleichtern soll? Eine, die inzwischen in der Kommunikation mit Unternehmen leider gängig und üblich geworden ist? Eine, über die Sie sich schon x-mal geärgert haben? Eine, die uns die Unternehmen auch noch als Kundenservice verkaufen wollen? Es ist – Sie wissen es natürlich – der *Sprachbot*, der uns nach unserem Anruf bei Unternehmen X davon abhält, unser tatsächliches Anliegen Y loszuwerden. Stattdessen werden wir von einer computergenerierten Stimme aufgefordert, diese oder jene Tasten auf unserem Telefon zu drücken. Und wenn wir dann minutenlang brav diese oder jene Tasten auf unserem Telefon gedrückt haben, und immer noch warten müssen, bekommen wir obendrein noch diesen Satz auf die Ohren: »Bitte bleiben Sie dran, Sie werden gleich verbunden.« Ja, ich wäre dem Unternehmen, das ich gerade verzweifelt versuche zu erreichen, sehr verbunden, wenn ich endlich drankäme. Bisher hat nämlich nur der Bot gesprochen und ich habe zuhören müssen. Das nenne ich respektlos. Kapieren Unternehmen eigentlich nicht, wie sehr sie ihre Kunden damit verärgern und im schlimmsten Falle vergraulen? »Bitte bleiben Sie dran, Sie werden gleich verbunden.« Es gibt wohl kaum jemanden unter uns, den diese Aussage in Kombination mit minutenlangem Warten und geduldigem Zuhören noch nicht zur Verzweiflung getrieben hat. Denn auf diesen Satz folgt häufig nicht die heißersehnte Verbindung, sondern einfach nur eine weitere lange Wartezeit in der Schlange, in der die digitale Telefonstimme ihren Text noch einmal wiederholt. Erst neulich habe ich diese negative Erfahrung wieder machen müssen. Ich weiß, ich bin damit nicht allein. Aber das macht es auch für mich nicht leichter. Nach 14 Minuten und 37 Sekunden habe ich das Gespräch, das ohnehin nicht stattfand, abgebrochen. Wenn ich an einem sogenannten Servicetelefon keinen Service geboten bekomme, wie ich ihn eigentlich erwarten darf, dann tue ich besser daran, wenn ich mir gleich einen Podcast anhöre oder ein Hörspiel im Radio verfolge. Da bin ich gerne passiver Zuhörer.

Ein digitaler Telefonbot ist angeblich dafür da, über das Telefon einen standardisierten Dialog mit dem Kunden zu führen. Dialog? Ich lach mich tot. Ein Dialog ist ein Gespräch zwischen mindestens zwei Personen. Wenn einer redet (der Telefonbot) und einer zuhören muss (der Kunde), ist das aus Sicht der Kommunikation ein Monolog. Und aus meiner Sicht, der einfach gerne mit dem Unternehmen ins Gespräch kommen möchte, ist es schlicht eine Frechheit. Es zeigt, dass sich eine Technologie wie die digitale nicht per se positiv auf die Kommunikation zwischen Menschen beziehungsweise auf die Kommunikation zwischen Kunden und Unternehmen auswirken muss. Und übrigens: Standard ist ein Dialog zwischen Menschen schon mal gar nicht. Es ist eine Form von individueller, oftmals persönlicher und manchmal auch sehr intimer Kommunikation, die uns Menschen als Menschen ausmacht. Es ist eine Kommunikationsform, die immer durch den kommunikativen Kontext definiert wird. Das heißt, die Art zu sprechen, der Tonfall, die Gesten, all diese Elemente einer Konversation spielen eine Rolle und wirken beeinflussend.

Die Theorie der Phonebot- oder Telefon-Chatbot-Entwickler lautet dagegen freilich ganz anders und ebenso ihre Werbung, in der sie ihre Leistung natürlich in ein strahlendes Licht rücken. Das liest sich in etwa so: »Das Telefon ist bis heute der am meisten genutzte Kanal, wenn es um den Customer-Service geht.« Das zweifle ich gar nicht an. »Gleichzeitig sollen Unternehmensprozesse zunehmend automatisiert werden, um die Effizienz zu steigern.« Das ist sicher so. »Klingt nach einem Widerspruch? Wir sagen nein!« Ich sage: ja! »Phonebots können Kundenanliegen automatisiert am Telefon beantworten.« »Könnten« würde ich sagen, aber sie tun es nicht. »Wir zeigen Ihnen, wie Sie diese neue Technologie gewinnbringend einsetzen können.« Gewinnbringend für das Unternehmen? Vielleicht. Für den Anbieter solcher Systeme, sicher. Für einen Kunden ist ein Telefonbot aber absolut kein Gewinn. Der Kunde ist ein Mensch, der mit einem anderen Menschen sprechen möchte – und das möglichst ohne lange Wartezeit. Jedenfalls nicht länger als eine Minute.

Ich liebe übrigens die Definition für »Bot«: »Unter einem Bot (von englisch *robot* = Roboter) versteht man ein Computerprogramm, das weitgehend automatisch sich wiederholende Aufgaben abarbeitet, ohne dabei auf eine Interaktion mit einem menschlichen Benutzer angewiesen zu sein.«[1] Das heißt so viel wie: Der Telefonbot führt ein Eigenleben. Er kommt ganz ohne einen Gesprächspartner aus. Dem muss ich leider uneingeschränkt zustimmen.

Und wenn man dann wider Erwarten doch endlich einmal bis in ein Callcenter vorgedrungen ist und einen echten Menschen am Telefon hat, ist man derart erfreut, dass einem das Gespräch mit dem *Homo operarius* – also einem menschlichen (Mit-)Arbeiter – beinahe wie eine Wellness-Behandlung vorkommt. Allerdings wirkt diese positive Erfahrung nur kurz. Auf das Happy End folgt garantiert der nächste Anrufversuch beim Kundenservice der Firma XY. Willkommen im Digi-Tal der Tränen.

Dieses Beispiel schließt nicht aus, dass es Unternehmen gibt, die sich auf den Kunden einstellen und nach kurzer Klärung des Themas, das den Kunden zum Anruf bewog, diesen nach nicht einmal dreißig Sekunden ans gewünschte Kommunikationsziel bringen. Andererseits ist der von mir geschilderte Fall kein Extrembeispiel. Die Extreme ist nach meiner Erfahrung bei sogenannten Service-Telefonen leider das Normale und zeigt, wie sich die Digitalisierung negativ auf die Kommunikation auswirkt. Wahrscheinlich teilen Sie meine Erfahrung.

Aber wo Schatten ist, da muss es doch auch Licht geben. Ein sehr positives Beispiel: Die Pandemie hat uns eindrücklich gezeigt, dass dank Digitalisierung das Arbeiten von zu Hause aus möglich ist. Virtuelles Arbeiten, etwa durch Video-Meetings und sonstige Collaboration-Tools, ist machbar und New Work damit in jeder Form ab sofort eine Option – sofern es die Art unserer Tätigkeit erlaubt. Will sagen: Nicht immer ist es die Technologie an sich, die dafür verantwortlich ist, wenn in der Kommunikation etwas nicht funktioniert. Es ist immer auch die Frage, was man mit dieser Technologie macht und ob sie uns zum Problem oder zur Lösung führt. Voraussetzung für eine funktionierende Anwendung, die uns zu Lösungen führen kann, ist natürlich eine sichere Netzversorgung. Zu meiner Überraschung zeigte sie sich an meinem Standort (ein bayerisches Dorf) in der Corona-Zeit besser als gedacht und äußerst stabil. Aber das war und ist längst nicht überall so, was negative Auswirkungen auf die Kommunikation und die Beziehungskultur hat – ob privat oder im Job. Denn wo kein Netz, da keine Kommunikation.

Laut dem »Mobilfunk-Monitoring 2023« der Bundesnetzagentur dürfen wir uns in Deutschland über folgende Netzabdeckung freuen:[2]

- **Netzabdeckung mit 2G:** 99,68 Prozent, mit LTE: 96,99 Prozent, und mit 5G: 84,89 Prozent
- **Funklöcher (kein Netz verfügbar):** nur auf 0,31 Prozent der deutschen Fläche

Orientiert man sich an den Zahlen der Bundesnetzagentur erreicht die Abdeckung laut Mobilfunk-Monitoring 2023 in Deutschland also fast 100 Prozent (99,68 Prozent). Aber Achtung: Diese Zahl bezieht sich nur auf das 2G-Netz, also auf einen – pardon – uralten Standard von 1992, nämlich den Ausbaustatus der zweiten Mobilfunkgeneration. In einigen Gegenden Deutschlands sind wir demnach noch auf dem Stand von 1992. Das Äquivalent für 30 Kalenderjahre sind in der Welt der mobilen Kommunikation Lichtjahre. Mit anderen Worten: Es geht voran, aber längst noch nicht überall mit Riesenschritten.

1992	2000	2010	2019	2021
Start 2G/EDGE	Start 3G/UMTS	Start 4G/LTE	Start 5G	Abschaltung 3G/UMTS

Abb. 2: Die Entwicklung der Mobilfunkstandards innerhalb der letzten drei Jahrzehnte

Laut aktuellem Mobilfunk-Monitoring der Bundesnetzagentur soll der Mobilfunkstandard 5G in Deutschland gegenwärtig für eine Abdeckung von 84,89 Prozent sorgen. Allerdings ist die Betrachtung der Bundesnetzagentur bezüglich der Abdeckung – vorsichtig ausgedrückt – nicht ganz korrekt. Jedenfalls nicht hundertprozentig. Schaut man nämlich, in welchem Umfang die drei Mobilfunknetze von Vodafone, Telekom und Telefónica zusammengenommen verfügbar sind, zeigt sich, dass selbst alle drei gemeinsam bisher eine geringere Netzabdeckung von deutlich unter 85 Prozent bieten. Immerhin: LTE-Funk, der für das mobile Surfen bekanntlich entscheidend ist, ist auf 96,99 Prozent der bundesdeutschen Fläche verfügbar.

Die fünfte Generation des Mobilfunks: Das vielgepriesene 5G-Netz

»Die […] Möglichkeiten des 5G-Netzes werden vielerorts angepriesen. […]. Offiziell entstehen vier 5G-Netze in Deutschland. […] Neben den etablierten Netzbetreibern Vodafone, Telekom und Telefónica hat auch die Drillisch AG, Mutterkonzern von 1&1 [heute IONOS] bei der Auktion für die 5G-Frequenzen mitgeboten. […] Anschließend starteten die Netzbetreiber […] mit dem 5G-Ausbau. […] Dass die Telekommunikationskonzerne diese Investition als lohnenswert erachten, lässt sich am Ausbau-Tempo ablesen. Bereits im Oktober 2021 verzeichnete die Bundesnetzagentur eine 5G-Netzabdeckung von 53,3 %.

In ihrem Mobilfunk-Monitoring [2023] weist die Bundesnetzagentur für 5G eine Netzabdeckung von 84,86 % aus. Dabei betrachtet die Bundesbehörde die Fläche Deutschlands, erfasst also auch Regionen, in denen bislang nicht alle Netzbetreiber ihr 5G-Netz installiert haben. Daher erreicht die 5G-Netzabdeckung weder von Telekom noch Vodafone oder Telefónica diesen Wert. […] Wenn die Telekom verkündet, ihr 5G-Netz erreiche bereits an die 85 % der Bevölkerung, klingt das beeindruckend. Doch die Bundesnetzagentur nennt andere Zahlen. Sie bescheinigt der Telekom eine 5G-Netzabdeckung von 68 % in der Fläche Deutschlands. Das ist ein entscheidender Unterschied, denn auch auf weiter Flur zwischen Ballungsgebiet und Dorf soll das 5G-Netz funken. So lautet zumindest die Zielsetzung.«[3]

Es funkt also noch längst nicht flächendeckend in 5G-Qualität. Salopp gesagt müssen die drei Netzbetreiber bis zur Flächendeckung mit 5G noch viele Antennen in die Landschaft pflanzen.

Ein kurzer Rückblick: Im November 2018 beschwerte sich der damalige deutsche Wirtschaftsminister, Peter Altmaier (CDU), in aller Öffentlichkeit über den Zustand des deutschen Handynetzes. Ausgerechnet jener Minister, der seinerzeit für den Zustand dieser löchrigen Infrastruktur mit verantwortlich war:

»Er sei ja viel im Auto unterwegs, sagte Altmaier dem *Spiegel*, ›und ich habe inzwischen meinem Büro erklärt, dass ich bitte auf Fahrten nicht mehr mit ausländischen Ministerkollegen verbunden werden will, weil es mir total peinlich ist, wenn ich dann dreimal, viermal neu anrufen muss, weil ich jedes Mal wieder rausfliege.‹«[4]

Altmaier war nicht der Erste, der sich über das deutsche Handynetz aufregte. In Deutschland gab es und gibt es leider auch heute noch viele Altmaiers. 2018 war das Jahr, in dem der 5G-Mobilfunkstandard bereits zugelassen war. Ein Jahr später wurde er eingeführt. Sprich, der Ausbau würde schon bald Fahrt aufnehmen. Im Jahr 2021 wurde der Netzbetrieb von 3G auf die beiden Nachfolger 4G (LTE) und 5G umgestellt. 3G wurde komplett abgeschaltet. Als der Minister telefonierte und wieder einmal in Rage geriet, war er wohl noch im 3G-Netz unterwegs. Es ist anzunehmen, dass er für seine Fahrten mit dem Dienstwagen selten durch ländliche Gegenden cruiste, denn Minister haben Terminpläne, die eng getaktet sind. Sein Fahrer wird also die deutsche Autobahn benutzt oder sich in oder um Berlin von Funkloch zu Funkloch gearbeitet haben. Man stelle sich vor, er wäre eines Tages von Berlin – sagen wir nach Dresden – durchs schöne Brandenburg gefahren, und zwar über Land, weil er in Dresden einen wichtigen Termin hatte, die Autobahn gesperrt war oder er die landschaftlichen Reize des Naturparks Niederlausitzer Heidelandschaft genießen wollte. Im Kopf hatte er den Plan der

Bundesregierung, die fest entschlossen war, das deutsche Handynetz zu verbessern. 2019 sollte der Verkauf der staatlichen Lizenzen für das neue, ultraschnelle 5G-Netz beginnen. Altmaier war frohen Mutes. Die Aussage diverser Experten, die befürchteten, dass es in den bevölkerungsarmen Regionen Deutschlands auch dann weiterhin große Funklöcher geben werde, hatte er verdrängt. Lieber dachte er an die Forderung der Bundesregierung, mit der die Netzbetreiber sich verpflichtet fühlen sollten, trotz neuer Ausbaubegeisterung auch ihre vorhandenen Netze entlang von Autobahnen oder Bahngleisen weiter ordentlich zu unterhalten. Aber Altmaier war weder auf der Autobahn noch in der Bahn unterwegs. Sein Fahrer hatte sich für eine der bevölkerungsarmen Regionen Deutschlands entschieden. Den Rest dieser frei erfundenen Geschichte, können Sie selbst weiterfabulieren.

Noch 2022 habe ich selbst anlässlich einer Führungskräftetagung Folgendes erlebt. Der Ort: ein schönes Tagungshotel im Bayerischen Wald. Dort war ich für eine Keynote gebucht. Gerade angekommen wollte ich noch rasch vor meinem Auftritt einchecken, mich frisch machen und umziehen. Der freundliche Rezeptionist empfing mich und legte mir dabei ein Anmeldeformular vor. Aha! Ein echtes Stück Papier. Wie schön, dachte ich, im Bayerischen Wald hält man noch an Traditionen fest. Muss ja auch nicht alles digital sein. Als ich kurz aufsah, entdeckte ich am Gürtel des Rezeptionisten ein knalloranges Walkie-Talkie. Noch dachte ich mir nichts dabei. Dann ging eine Mitarbeiterin des Hotels an mir vorbei, die genauso ein orangefarbenes Ding mit sich führte, in das sie gerade hineinsprach. Während sie sich entfernte, und ich meine letzten Daten in die entsprechenden Felder eintrug, vernahm ich eine leicht verzerrte Stimme vor mir, die in etwa aus Hüfthöhe des Rezeptionisten zu hören war: »Auf 114 ist die Toilette verstopft. Ich wiederhole: auf 114.« Der Rezeptionist entschuldigte sich etwas verlegen bei mir und griff nach seinem Walkie-Talkie: »Verstopft? So ein Mist, ich sag gleich mal dem Horst Bescheid.« Jetzt wurde ich langsam stutzig, sah mich um und entdeckte, dass alle, die in diesem Tagungshotel arbeiteten, an diesem knallorangen Gerät zu erkennen waren. Alle führten ein Walkie-Talkie mit sich. Sofort fragte ich, was los sei. Die Antwort: »Wir haben hier leider schlechtes Netz. Ehrlich gesagt, haben wir eine ganz schwache Mobilfunkabdeckung.« Ich schaute auf mein Handy: kein einziger Balken. »Stimmt«, sagte ich mit einem Ton des Bedauerns in der Stimme, »ich seh's.« In diesem Augenblick kam auch schon der Blaumann um die Ecke. *Horst*, stand vorn auf seiner Latzhose geschrieben. In einer Hand trug er den Werkzeugkoffer, in der anderen ein orangefarbenes Walkie-Talkie.

So viel zum Bayerischen Wald. Ja, werden Sie vielleicht denken: Bayerischer Wald eben. Früher mal Zonenrandgebiet. Heute wieder am Rand, und manchmal auch außerhalb. – Moment, da muss ich entschieden einhaken! Was ist noch mal ein Tagungshotel? Ist das nicht ein Hotel, dass sich mit seinen Angeboten, Einrichtungen und Leistungen auf Tagungen sowie auf die Gäste einer Tagung spezialisiert hat? Bieten Tagungshotels dafür nicht auch spezielle Räumlichkeiten und vor allem die entsprechende Tagungstechnik? Sollen Tagungsgäste in einem Tagungshotel nicht auch alle Möglichkeiten der mobilen Kommunikation, allem voran WLAN, vorfinden? All das soll doch den Teilnehmern der Veranstaltung gewisse Vorteile bringen und den Veranstaltern die gesamte Organisation vereinfachen. Keine Frage: Ein Tagungshotel bleibt für mich ein Tagungshotel. Auch im Bayerischen Wald.

Ein zweites meiner Erlebnisse, das uns aus der Provinz herausführt, wird Ihnen schmerzlich zeigen, dass es auch in Metropolen weiße Flecken und dunkle Löcher gibt, was die Möglichkeiten und den Fortschritt der Digitalisierung betrifft. Heilbronn anno 2022: Ich war zu einer Podiumsdiskussion zum Thema Veränderung im Finanzsektor eingeladen. Wir waren zu dritt auf der Bühne: der Moderator, der Vorstand einer großen Investmentfirma und ich. Wir diskutierten und sprachen über den Wandel, die Veränderungen und über die daraus resultierenden Aufgaben für die Unternehmen der Finanzbranche. Ein Professor aus Stuttgart sollte per Videoschalte an unserem Gespräch teilnehmen. Die reale Entfernung zum Professor in die Baden-Württembergische Landeshauptstadt: weniger als 80 Kilometer. Die Internetverbindung für diese Schalte war schlecht, richtig schlecht. Ich möchte sagen: erbärmlich, katastrophal, und das, obwohl das Technikteam für diese Tagung eigentlich alles perfekt vorbereitet hatte. Minister Altmaier wäre im Boden versunken, wenn er dabei gewesen wäre. Der Moderator konnte es sich nicht verkneifen und meinte: »Gestern in der *Tagesschau* war die Schalte nach Kabul tausendmal stabiler und besser als bei uns hier heute.«

Verlassen wir nun die digitalen Dramen und auch die technische Seite der Digitalisierung, die dafür sorgen soll, dass Menschen einfacher und komfortabler und Unternehmen schneller und effizienter kommunizieren können. Wenden wir uns dem Menschen zu, der diese digitalen Kommunikationsmittel und -kanäle nutzt. Was macht die Digitalität mit uns? Mit unserer Aufmerksamkeit. Unserer Wahrnehmung. Unserer Sprache und zum Beispiel dem Lernen? Hoppla, haben Sie es gemerkt? Da hat sich ein neuer Begriff eingeschlichen: Digitalität. In der freien Enzyklopädie Wikipedia lesen wir, was damit gemeint ist:

> »Digitalität bezeichnet die auf digital codierten Medien und Technologien basierenden Verbindungen zwischen Menschen, zwischen Menschen und Objekten und zwischen Objekten. Im Gegensatz zu den Begriffen der Digitalisierung oder der digitalen Transformation, die eher eine technologische Entwicklung betonen, bezieht sich Digitalität, ähnlich wie der Begriff Digital Lifestyle, stärker auf soziale und kulturelle Praktiken. Gemeint ist der kulturelle und soziale Niederschlag eines Wandels, der neue Handlungsroutinen, Kommunikationsnormen, soziale Strukturen, Identitätsmodelle, Raumvorstellungen etc. hervorbringt. Bestimmte kulturelle Praktiken, die im Kontext der Digitalisierung entstanden sind, haben sich von diesem technologischen Kontext entkoppelt und wurden zu einem gesellschaftlichen Mainstream.«[5]

Der Schweizer Kultur- und Medienwissenschaftler Felix Stalder sieht in der Kultur der Digitalität eine enorme Veränderung und Vervielfältigung unserer Möglichkeiten, die eng verbunden sei mit der Virtualität, die mit einem veränderten Verständnis von Räumen und Orten einherginge. Nehmen wir das Internet: Aus geistes- und kulturwissenschaftlicher Sicht würde das Internet als Lehr- und Lern-Raum mit seinen eigenen Charakteristika neue Formen des Denkens und neue Formen des Lernens und Lehrens hervorbringen, sagt Stadler. Die traditionelle Buchkultur ginge mit Linearität und logischen Kausalzusammenhängen einher, während Digitalität als vorherrschende Praxis eher eine Vorstellung von Nicht-Linearität, Gleichzeitigkeit und Interdependenz fördere, so Stadler weiter. Menschen hätten immer nach dem jeweils vorherrschenden Paradigma gelebt und gelernt. Das sei nach Stadler einst das Paradigma der mündlichen Überlieferung gewesen, später der privilegierte Zugang zu handschriftlichen Kopien. In der Digitalität sei es zu einer neuen Informationsflut gekommen.[6]

So weit zur Digitalität am Beispiel des Lesens und Lernens. Und was sagen Sprachwissenschaftler dazu? 2014 führte das Meinungsforschungsinstitut *Forsa* eine repräsentative Expertenumfrage durch, die sich auf Telefoninterviews mit insgesamt 100 Sprachwissenschaftlern an Hochschulen und Forschungseinrichtungen in Deutschland stützte. Als ich mir die Ergebnisse ansah, war ich überrascht. Die zunehmende digitale Kommunikation habe positive Einflüsse auf die deutsche Sprache, hieß es da. Der Wortschatz würde durch die vermehrte Nutzung digitaler Medien reicher. Dieser Meinung waren 44 Prozent der befragten Linguisten.[7] Damit widersprachen die Experten all jenen Kritikern, die einen Verfall der deutschen Sprache befürchteten.

> »Die Auswirkungen der Digitalisierung auf die Kommunikation von Kindern und Jugendlichen beurteilen die Linguisten hingegen ambivalent: Die Mehrheit der Experten beobachtet sowohl positive als auch negative Einflüsse auf die Schreibkompetenz (34 %) und sprachliche Ausdrucksfähigkeit junger Menschen (39 %). Zudem identifizierten die Experten der Umfrage [...] einen neuen Trend: Durch die zunehmende digitale Kommunikation wird der Umgangston im beruflichen Umfeld informeller – davon gehen 69 % der befragten Sprachwissenschaftler aus.«[8]

Informeller? Das heißt dann wohl ungezwungener, lockerer, aber vielleicht auch flapsiger. E-Mails werden weniger reglementiert und natürlicher formuliert. Anders gesagt: wie einem der Schnabel gewachsen ist. Man kann das positiv sehen. Ich persönlich habe nicht grundsätzlich etwas gegen den informellen Ton – wenn das Niveau nicht sinkt.

Eine aktuellere als die oben genannte Umfrage zum selben Thema konnte ich im Netz trotz intensiver Recherche leider nicht ausfindig machen.

Lassen Sie mich zur Abrundung dieses Kapitels ein sehr persönliches Fazit versuchen: Die Digitalisierung hat großen Einfluss auf unsere Wahrnehmung. Die digitale Kommunikation wirkt auf unsere Sprache, beeinflusst unsere Meinungsbildung und unsere Kaufentscheidungen. In Unternehmen erlebe ich oft, dass die interne Kommunikation hinter der externen Kommunikation zurücksteht. Mit Kundinnen und Kunden zu sprechen, wird allemal als wichtiger empfunden, als mit den eigenen Leuten in den Dialog zu gehen. Das hat nicht nur mit den digitalen Kommunikationsmitteln zu tun, aber auch. Wichtige Infos werden gegenüber den Mitarbeitenden häufig nur in einem Nebensatz erwähnt oder ruckzuck per E-Mail verbreitet – oft wird man nur in cc gesetzt und so Teilnehmer und Teilinformierter eines aufgeblasenen und absurden E-Mail-Verlaufs. Offiziell steht cc für »Carbon Copy«, also für »Kohledurchschlag«, denn mittels Kohlepapier konnte man früher – verdammt lang her – mehrere Abschriften auf einmal erzeugen. Für mich steht cc für »Chaos Communication«. Eine E-Mail an Dutzende Empfänger führt nicht selten dazu, dass sich der einzelne Empfänger gar nicht mehr angesprochen fühlt. Er oder sie kann auch nicht erkennen, ob dieses cc für die eigene Arbeit wirklich wichtig ist oder nicht oder ob es sich eine Kollegin oder ein Kollege schlichtweg nur einfach gemacht hat und die E-Mail nach dem Gießkannenprinzip verbreitet. Ein Klick und die Nachricht wird ohne jeglichen Hinweis auf Dringlichkeit oder Nutzen für den einzelnen Empfänger wie mit einer Gießkanne gleichmäßig über die gesamte Abteilung oder Belegschaft verteilt. Soll der Empfänger doch selbst herausfinden, ob es ihn betrifft, was da in seinem E-Mail-Postfach gelandet ist. Das bedeutet: null Aufwand für den Absender und Rätselraten für den Empfänger. Es geht ja auch alles so wunderbar einfach und schnell. So beeinflusst die digitale Kommunikation dann unsere Meinungsbildung und Entscheidungsfindung. Und das nicht nur aufgrund von E-Mail-Tsunamis. Auch Inhalte werden grundsätzlich nicht mehr groß hinterfragt. Es kommt zu Missverständnissen oder sogar zu Konflikten. Da finden dann auch keine Prüfungen mehr statt, ob wir es mit halbwahren Behauptungen zu tun haben. Einfach, weil keine Zeit dafür ist. Das gilt natürlich auch für externe Kommunikation, also die Konsumentenseite. Häufig genug machen wir uns als Konsumenten oder Endverbraucher ein verzerrtes Bild von Produkten, von Dienstleistungen oder von Unternehmen. – Aber auch Nachrichten sind leider nicht von dieser Problematik ausgenommen. Hier haben »Fake News« zunehmend ihren unrühmlichen Auftritt. Denken wir nur zurück, als 2019 im Netz bewusst gestreute Falschinformationen in Großbritannien einen Diskurs auslösten und so das Brexit-Referendum seinen fatalen Lauf nahm.

Aber zurück in die Gegenwart: Wie oft höre ich während eines Coachings in Unternehmen, dass viele Mitarbeiterinnen und Mitarbeiter über die Flut von E-Mails klagen – E-Mails in cc eingeschlossen, die sie von ihren Kolleginnen und Kollegen, die ihnen oft sogar direkt gegenübersitzen oder unmittelbar im Büro nebenan arbeiten oder auf demselben Gang. Wie geht man damit um, wenn man 40, 50, 60 oder mehr E-Mails am Tag bekommt? Da ein Arbeitstag in der Regel 8 Stunden hat, also 480 Minuten, wird es schwierig, alle E-Mails zu lesen, zu reagieren, Daten richtig abzuspeichern, zu bearbeiten, zurückzuschreiben. Von Besprechungen, Calls, Telefonaten, die einen auch noch auf Trab halten, mal komplett abgesehen. Oft höre ich, dass der Sonntag mittlerweile der neue Montag sei. Man checkt sonntags am späten Nachmittag und frühen Abend schon mal die E-Mails vom Freitag, vom Samstag und – ja wirklich – vom Sonntag. Man sortiert, löscht die unwichtigen und einige bearbeitet man sogar. Warum? Damit der Montagmorgen nicht komplett mit lästigem Abarbeiten von lästigen E-Mails blockiert wird. Oder wie oft höre ich, dass Mitarbeiterinnen und Mitarbeiter erst nach 18:00 Uhr Zeit hatten, ihre E-Mails zu beantworten, weil tagsüber in 8 Stunden bis zu 8 Calls angesetzt waren. Seit der Pandemie hat sich die interne Kommunikation in Unternehmen stark verändert. Die Kommunikation findet überwiegend digital statt. Die Corona-Zeit stellte viele Unternehmen vor große Herausforderungen, Mitarbeiterinnen und Mitarbeiter ebenso. *Homeoffice* war angesagt, *Remote Work* war an der Tagesordnung, und viele Büros standen leer. Doch plötzlich merkte man, dass sich die Kolleginnen und Kollegen nicht mehr in der Kaffeeküche trafen, keine Zigarette mehr gemeinsam rauchten oder sich auf dem Büro-Flur absprachen. Die neue Situation war ungewohnt und die interne Kommunikation kam ins Stocken. Das Gespräch in der Kaffeeküche, an der Espressomaschine, das gab es nicht mehr. Doch gerade diese Kommunikation, ob nun verbal oder nonverbal, ist extrem wichtig für den Zusammenhalt, den Teamspirit und die Beziehungskultur, und damit für die Erreichung der Unternehmensziele. Kaffeeklatsch und der Flurfunk sind nicht nur relevant für den Austausch von vermeintlich banalen Informationen und die Aufnahme von Stimmungen, sondern auch für die Motivation und Psychohygiene von Menschen.

Am Schluss dieses Kapitels folgt ein wenig Statistik dazu, die auch auf die Frage eingeht, wie sich die digitale Kommunikation auf die menschliche Gesundheit auswirkt.

> »Wie steht es um das ›Digitalverhalten‹ in der erwachsenen Bevölkerung [in Deutschland]? Welche gesundheitlichen Auswirkungen hat das Dauersurfen auf die physische und psychische Gesundheit? Eine bevölkerungsrepräsentative Studie der Techniker Krankenkasse (TK) zur Digitalkompetenz 2021 ›Schalt mal ab, Deutschland‹ zeigt das Nutzungsverhalten und die gesundheitlichen Zusammenhänge. [...] In der Freizeit nutzen rund acht von zehn Befragten das Internet mehrmals täglich beziehungsweise sind fast immer online. Das wirkt sich auf den Gesundheitszustand aus. Laut TK-Studie geben 21 % der Erwachsenen, die fünf Stunden und länger das Internet privat nutzen (in der Studie als Vielsurfer bezeichnet), an, einen weniger guten oder schlechten Gesundheitszustand zu haben: 38 % der Vielsurfer leiden unter Nervosität. Unter depressiven Symptomen (z. B. Stimmungsschwankungen) leiden 40 % der Erwachsenen, die fünf Stunden oder länger das Internet nutzen. Auch Konzentrationsstörung (30 %), Erschöpfung (36 %) und Müdigkeit (34 %) zählen zu weiteren Belastungsfaktoren. Körperliche Symptome (z. B. Muskelverspannungen) treten im privaten als auch im beruflichen Kontext unabhängig von der verbrachten Zeit am häufigsten auf. Im beruflichen Kontext geben nur 4 % an, bei einer Internetnutzung von fünf oder mehr Stunden, einen schlechteren Gesundheitszustand zu haben. [...] Durch die Corona-Pandemie nutzen 30 % der Menschen in Deutschland häufiger digitale Kommunikationsmöglichkeiten zu privaten Zwecken (z. B. Telefon-Videotelefonie, Chat-Apps oder E-Mails). Im beruflichen Kontext sind es sogar 46 % der Beschäftigten, die jetzt vermehrt über digitale Medien kommunizieren.«[9]

Als sicher gilt, dass es heute so gut wie keine analogen Kunden und auch keine analogen Mitarbeiter mehr gibt. Es gibt nur noch hybride Arbeits- und Lebenswelten. Reale Welt und Online-Welt werden miteinander verbunden und als eine Welt erlebt. Durchgängige Schnittstellen zwischen den Welten werden heute erwartet. Das Beste ist, Analog und Digital zu verbinden. Nicht Analog oder Digital, sondern beides. Aber mit Augenmaß.

WIR KOMMUNIZIEREN MIT DER ZUKUNFT UND NEHMEN MIT!

Fünf Take-aways, die auf dem Weg zur Digitalisierung Orientierung geben:

- Akzeptieren Sie die digitale Kommunikation als eine Erweiterung kommunikativer Möglichkeiten zur Optimierung des gesamten Wertschöpfungsprozesses.
- Nutzen Sie die digitale Kommunikation nicht nach dem Gießkannenprinzip; setzen Sie nicht das halbe Unternehmen in cc, wenn Sie E-Mails schreiben.
- Verzeihen Sie (sich) am Anfang noch digitale Lücken und menschliche Fehler, aber verpassen Sie nicht die Entwicklung.
- Machen Sie sich nicht vollkommen abhängig von digitaler Kommunikation. Es braucht ein Miteinander, auch außerhalb der Digitalität.
- Schätzen Sie die gute, alte Kaffeeküche als Ort des sozialen Kontaktes und Austauschs von Angesicht zu Angesicht. Achten Sie jedes persönliche Gespräch.

D WIE DIGITALISIERUNG = D WIE DEUTSCHLAND = D WIE DAS SCHAFFEN WIR

Wie geht es der Digitalisierung in Deutschland? Antwort: Sie geht nicht. Sie hinkt hinterher. Und wo es ganz blöd läuft, steht sie. Das ist jedenfalls die herrschende Meinung, die gefühlte Wahrheit. Aber ich bin ja kein Schwarzmaler, sondern ein Mutmacher. Darum gebe ich gleich zu Anfang dieses Kapitels ein positives Beispiel zum Besten. Alexander Schneider, Senior Communication Manager TÜV Rheinland, schrieb am 12. November 2023 in seinem LinkedIn-Post »Lob der Digitalverwaltung in der Stadt mit K« Folgendes:

> »Digitalisierungsstau, marode Infrastruktur bei der Bahn, schlechte Schulleistungen in Deutsch – wer sich in den täglichen Nachrichtenfluss begibt, könnte meinen, es mit einem Land im Abstieg zu tun zu haben. Ausgerechnet in der Stadt mit K – bundesweit nicht unbedingt als Vorbild effizienter Verwaltung bekannt – habe ich jetzt erlebt, wie es auch anders geht. Ein neuer Reisepass musste her – der Termin war mit wenigen Schritten am Smartphone vereinbart. Und im ›Kundenzentrum Innenstadt I‹ konnte ich innerhalb von kaum mehr als 1 Minute digitale Passfotos erstellen, die sich dann nach wenigen Minuten Wartezeit auf dem Rechner der netten Mitarbeiterin befanden. Auch dort alles perfekt digitalisiert – nur den Pass gibt es dann in einigen Wochen auf Papier. 10 Jahre Reisen für 6,- € pro Jahr, und in viele Länder ganz ohne Visum. Wir sollten einfach häufiger darüber sprechen, was gut läuft.«[1]

Was habe ich daraus gelernt? Erstens: Menschen können sich selbst über kleine Fortschritte freuen, wenn es um die Digitalisierung in Deutschland geht. Zweitens: Ich dachte bisher immer, dass in Deutschland die Stadt mit B als bekanntestes Beispiel für eine besonders schnarchige Verwaltung stehe.

Und drittens: Dass es an der Zeit ist, die Digitalisierung in Deutschland nicht nur schlechtzureden. Jedenfalls nicht schlechter als … Stopp! Ohne Vorurteile bitte, Herr Lipp. – Aber bei allem guten Willen: Es ist noch ein weiter Weg von der Bundesrepublik Deutschland bis zur Digitalrepublik Deutschland. Außerdem müssen wir die Digitalisierung heute auf einem Fundament des politischen Versagens bauen. Verdrängung war meist auf der Tagesordnung, selten Fortschritt. An dieser Stelle muss ich ein bisschen *BILD* in die digitale Wunde streuen:

> »Wann gelingt es Deutschland endlich, Behördengänge und Verwaltungs-Irrsinn zu digitalisieren? Eine Studie des Instituts der deutschen Wirtschaft in Köln (IW) zeigt, wie sehr der Staat an der flächendeckenden Digitalisierung bislang scheitert. 575 einzelne Verwaltungsangebote von Bund, Ländern und Kommunen sollten laut Onlinezugangsgesetz bis Ende 2022 online verfügbar gemacht werden. Deutschland sollte damit im ›E-Government‹ zu den führenden europäischen Ländern wie Estland und Dänemark aufschließen. Das bittere Ergebnis: Zum Jahresende 2022 waren bundesweit nur 105 Leistungen online. Aktuell [August 2023] sind es 128 Leistungen. Wie viele Leistungen 2023 digitalisiert werden sollen, konnten weder Innenministerin Nancy Faeser (SPD) noch Digitalminister Volker Wissing (FDP) auf BILD-Anfrage sagen. ›Dieses Ziel hat die Bundesrepublik krachend verfehlt‹, sagte IW-Studienautor Klaus-Heiner Röhl zur ›WELT‹ […]. Schreibe man das aktuelle Tempo fort, würde der Spitzenreiter Bayern noch vier Jahre bis zur Vollumsetzung brauchen, das Saarland als Nachzügler ganze zehn – ›ein blamables Zeugnis, das sinnbildlich für die deutsche Verwaltungseffizienz steht‹, so Röhl. Behalte die Politik ihr jetziges Tempo bei, erreiche sie ihre Ziele erst in zehn Jahren.«[2]

Grundsätzlich soll ein Gesetz, das sogenannte Onlinezugangsgesetz (OZG), helfen, die Interaktionen zwischen Bürgerinnen, Bürgern und Unternehmen mit den Verwaltungsbehörden schneller und effizienter zu machen. Der Bund, die Länder sowie die Kommunen wurden per OZG verpflichtet, bis Ende 2022 ihre Verwaltungsleistungen über Verwaltungsportale auch digital anzubieten und damit quasi barrierefrei zu machen. Anders gesagt: Die neue Online-Verfügbarkeit öffentlicher Dienstleistungen soll Bürger und Unternehmen von lästigen Behördengängen entlasten. Wunschdenken? Oder doch Größenwahn angesichts der kurzen Zeit, die dafür zur Verfügung stand? Jedenfalls war das Ziel offensichtlich zu hochgesteckt, denn es wurde deutlich verpasst. Und Ende 2023, als immer noch unklar war, wann die OZG-Vorgaben erfüllt würden, da drohte auch schon ein neues Unheil: Die Einführung der EU-weiten *Single Digital Gateway-Verordnung (SDGVO)* stand vor der Tür. Dabei handelt es sich um eine Verordnung, die einen einheitlichen digitalen Zugang zu sämtlichen Verwaltungsdiensten in der EU vorsieht. Leider kommt Deutschland auch hier nicht mit. Von den geplanten 575 OZG-Leistungen wurden bis November 2023 lediglich 145 umgesetzt, also weniger als ein Viertel des angestrebten Ziels. Dies und alles Weitere ist im Detail nachzulesen auf der Website der Initiative Neue Soziale Marktwirtschaft[3], kurz INSM.

PLATZ	BUNDESLAND	UMGESETZT
1	Hamburg	265
2	Bayern	255
3	Hessen	240
4	Berlin	219
5	Mecklenburg-Vorpommern	215
6	Thüringen	214
7	Sachsen	210
8	Schleswig-Holstein	195
8	Rheinland-Pfalz	195
10	Nordrhein-Westfalen	188
11	Niedersachsen	187
12	Baden-Württemberg	184
13	Bremen	183
14	Sachsen-Anhalt	180
15	Brandenburg	176
15	Saarland	176

Abb. 3: Online verfügbare Verwaltungsleistungen nach Bundesländern bundesweit
Quelle: https://dashboard.digitale-verwaltung.de/ (Stand Mai 2024)

Hamburg führt zwar bei der flächendeckenden OZG-Umsetzung mit 265 online verfügbaren Leistungen. Doch ist das nicht einmal die Hälfte der 575 Verwaltungsdienstleistungen, die man abdecken will. Und Achtung: Bayern (255) und Hessen (240) sitzen den Hamburgern schon im Nacken. Derweil im Osten: Berlin, Mecklenburg-Vorpommern, Thüringen und Sachsen haben ebenfalls über 200 Angebote online. Die Stadt mit B, auf deren Behörden immer besonders geschimpft wird und über die man sich deshalb lustig macht, steht auf Platz vier des Rankings und damit vergleichsweise gut da. Nordrhein-Westfalen, in der die Stadt mit K liegt, gibt in dieser Statistik kein gutes Bild ab. Kein Wunder, dass die Freude des Herrn aus gleichnamiger Stadt so groß war, als er seinen neuen Reisepass recht nutzerfreundlich beantragen konnte. Brandenburg und das Saarland »führen« das Ranking von unten an – und teilen sich den letzten Platz mit nur 176 online verfügbaren Leistungen.

Es gibt aber auch in Bundesländern einzelne Gemeinden, die bereits deutlich mehr umgesetzt haben als der Landes- und der Bundesdurchschnitt. So ist die Anzahl der verfügbaren Online-Angebote einzelner Gemeinden in Nordrhein-Westfalen mit 263 am höchsten. Einschließlich landesweiter Angebote kommt NRW so auf insgesamt 438 Leistungen.

Deutschland-Fazit und Blick zum Nachbarn

In der Bundesrepublik sind bisher nur 25 Prozent der im Onlinezugangsgesetz aufgeführten 575 Online-Leistungen flächendeckend verfügbar. Hamburg hat hier mit 46 Prozent die höchste Umsetzungsquote. Eins sollte bisher aber deutlich geworden sein: Bei der Verwaltungsdigitalisierung sind die Schritte in Richtung Fortschritt immer noch zu klein. Hinzu kommt: Das zögerliche Voranschreiten gefährdet die Erfüllung der EU-Vorgaben aus der Single Digital Gateway-Verordnung (SDGVO) ab 2024. Österreich macht da einiges anders und besser. Deutschland könnte vom südlichen Nachbarn lernen und zum Beispiel eine zentrale IT-Agentur etablieren.

WAS?	IN DEUTSCHLAND	IN ÖSTERREICH
Gründung	Anmeldung nur beim lokalen Gewerbeamt, verbunden mit vielen weiteren Schritten im Voraus, Notar, Beurkundung des Gesellschaftervertrags, Geschäftskonto	eGründung (GmbH) online möglich, alle nötigen Formulare online verfügbar, kein Behördengang erforderlich
Anmeldung beim Finanzamt	Nach erfolgter Gewerbeanmeldung muss ein postalisch zugestellter Fragebogen ausgefüllt und an das Finanzamt zurückgeschickt werden	Anmeldung über separates Onlineportal möglich
Abgabe Steuererklärung	Keine staatliche Informationsstelle, Drittanbieterseiten	Erklärungen grundsätzlich elektronisch zu übermitteln, Abgabe über Unternehmerserviceportal möglich
Einholen von Informationen zu Unternehmensgründungen	Keine staatliche Informationsstelle, Drittanbieterseiten	Staatliches Portal mit Informationen und Onlinefunktionen
Beantragung	Teilweise online möglich	Online im Unternehmerserviceportal möglich
Kommunikation mit Behörden	Brief oder E-Mail	Online über eZustellung im Unternehmerserviceportal möglich
Kontakt und Hilfe	E-Mail oder persönlich vor Ort	Eigener Chatbot, FAQ, Kontaktformular, Telefon

Abb. 4: Unternehmensgründung in Österreich und Deutschland – ein Vergleich
Quelle: INSM, https://www.insm.de/insm/themen/digitalisierung/deutschland-scheitert-beim-e-government

Eine solche Digital-Agentur nach österreichischem Vorbild könnte auch in Deutschland die Umsetzung der Gesetze und Verordnungen koordinieren, bundesweit einheitliche Online-Lösungen entwickeln und die Digitalisierung in der Verwaltung vorantreiben. Die Nutzung der *elektronischen Identität* (eID) ist in Österreich zum Beispiel deutlich fortschrittlicher als in Deutschland.

Anderes Beispiel: Die *e-card* hat jeder sozialversicherte Bürger Österreichs in der Tasche. Die österreichische *e-card* ist die personenbezogene Chipkarte des elektronischen Verwaltungssystems der österreichischen Sozialversicherung. Die Karte findet vor allem im Gesundheitsbereich Anwendung. Rezepte »schreibt« der Arzt gleich auf die Karte, und die Apotheke liest das Rezept aus. Papier war gestern – wenn auch noch nicht ganz durchgängig. Und das schon seit Ende der 1990er Jahre. Das gilt in Österreich auch für den Krankenschein bei Krankschreibung durch den Arzt. Zudem integriert Österreich auch Angebote in das EU-Portal *Your Europe* und treibt so die Digitalisierung voran. Ziel des Europa-Portals *Your Europe* ist es, für alle öffentlichen Einrichtungen einen *One-Stop-Shop* einzurichten – oesterreich.gv.at gewissermaßen für ganz Europa. Das Kürzel »gv« steht (auch) in Österreich für Government. Und die entsprechende Domain »oesterreich.gv.at« steht für sämtliche *E-Government-Anwendungen* der österreichischen Bundesverwaltungen. Zugriff auf diese Anwendung hat man in Österreich sowohl online unter der genannten Internetadresse als auch über eine App. Auf diese Weise greift man ebenso auf das EU-Portal *Your Europe* zu, das umfassende Informationen für Bürgerinnen und Bürger liefert – von den Themen Arbeit und Ruhestand, über Fahrzeuge, Wohnsitzformalitäten, Ausbildung und Jugend bis hin zu Gesundheit, Familie und Verbraucher. Das EU-Portal bietet zudem auch generelle Informationen, etwa über EU-Grundrechte oder über die Umsetzung dieser Rechte in jedem einzelnen Land. Wer weitere Informationen wünscht, kann den kostenlosen Kontakt per E-Mail oder Telefon nutzen. Das EU-Portal *Your Europe* bietet also ein ganzes Bündel digital verfügbarer Leistungen.

Wer aber in Deutschland noch nie von diesem Portal gehört hat, muss sich nicht wundern. Denn bei uns wird *Your Europe* wenig kommuniziert. Und damit wird noch ein weiterer Schwachpunkt der Digitalisierung in Deutschland sichtbar – denn nicht nur die Einführung digitaler Prozesse an sich hinkt hinterher, es mangelt auch am Wissen, dass derartige Prozesse überhaupt existieren:

> »So gibt es zwar bereits seit 2019 die ›Bund-ID‹ – ein digitales Nutzerkonto, mit dem etwa Anträge online gestellt werden können. Gewusst oder genutzt hat das in Deutschland aber bisher [Stand 2023] kaum jemand. In die Höhe sind die Nutzerzahlen zuletzt lediglich deshalb geschossen, weil Studierende für die Energiepauschale eine ›Bund-ID‹ benötigten. So lagen die Nutzerzahlen von Anfang des Jahres noch bei knapp 250 000 und schnellten danach auf über zwei Millionen. Ähnlich wie bei der ›Bund-ID‹ gibt es bereits elektronische Rezepte [für Medikamente], nur werden diese kaum genutzt. Nun soll das E-Rezept Anfang 2024 auf breiter Front verpflichtend eingeführt werden, bis Anfang 2025 soll es dann auch die E-Patientenakte für alle geben.«[4]

Digital-Deutschland im Europa-Vergleich

Im November 2023 kolportierte die *ZDF*-Satire-Sendung *heute-show* wieder einmal die schleppende Digitalisierung in Deutschland und verknüpfte diesen Mangel an Fortschritt sprachlich mit einem zweiten Mangel: dem Fachkräftemangel. Daraus entstand ein origineller neuer Begriff: Aus Fachkräftemangel wurde Faxkräftemangel. Mit dieser Wortneuschöpfung spielten die Satiriker darauf an, dass in Deutschlands Behörden und Unternehmen noch viel zu viele Faxgeräte stünden, über die kommuniziert würde. Fazit: kein Mangel an Faxgeräten, aber an Digitalisierung. So weit der satirische Blick auf das Problem.

Will man einen Zustand anprangern, verwendet man gerne das Stilmittel der Übertreibung. Aber wie ist das in der Realität? Im Alltag? Noch immer thronen Faxgeräte in Büros, Behörden und Arztpraxen. Laut einer Umfrage[5] im Auftrag des Digitalverbands Bitkom, durchgeführt im Jahre 2023, nutzen 82 Prozent aller Unternehmen in Deutschland, die mehr als 20 Mitarbeiter zählen, Faxgeräte – das ist kein Scherz, keine Übertreibung. Von diesen Unternehmen faxt die Hälfte jedoch nur noch selten. 16 Prozent verzichten sogar ganz aufs analoge Faxen. Im Jahr davor waren es noch 11 Prozent.

»›Angesichts des digitalen Wandels war das Fax schon lange totgesagt. Hat sich ein Kommunikationskanal aber erst einmal etabliert, dauert es in der Regel, bis er vollständig abgelöst ist – selbst wenn es mittlerweile deutlich komfortablere und sicherere Kommunikationswege gibt‹, sagt Nils Britze, Bereichsleiter Digitale Geschäftsprozesse beim Bitkom. ›Am klassischen Fax wird vor allem die hohe Nachweisbarkeit der Zustellung geschätzt. Was die Verschlüsselung von Daten und damit deren Sicherheit betrifft, haben die digitalen Kanäle dem Fax jedoch einiges voraus. Digitale Faxgeräte greifen dies auf und nutzen statt der Telefonleitungen Server für die Datenübertragung. Damit ist das digitale Fax wesentlich sicherer als sein analoger Vorgänger.‹«[6]

In anderen europäischen Ländern sieht das bei Weitem besser aus. Wo steht Deutschland in Sachen Digitalisierung im europäischen Vergleich? In der EU wird die Entwicklung der Digitalisierung über den DESI-Index gemessen, der für den Index für digitale Wirtschaft und Gesellschaft steht. Genauer gesagt: Der *Digital Economy and Society Index* fasst Indikatoren für die digitale Leistung Europas zusammen und verfolgt die Fortschritte der EU-Mitgliedstaaten im Bereich der Digitalisierung. Im europäischen Vergleich schaffte es Deutschland 2022 hier nur ins Mittelfeld: 13. Platz. Bis 2025 will man in die Top 10 aufsteigen. So lautet das selbsternannte Ziel der Digitalstrategie der Bundesregierung. Hoffen wir, dass der aktuelle 13. Platz kein schlechtes Omen ist.

Und über Europa hinaus? Wenn man den Vergleichsraum um die Welt erweitert, dann wird der E-Government Development Index (EGDI) der UN zum Maßstab. Dieser Index misst den Grad der Digitalisierung in der Verwaltung unter den Mitgliedsstaaten der Vereinten Nationen. Im Jahr 2022 schaffte es Deutschland nur auf den 22. Platz. Gemessen an der Tatsache, dass es 193 UN-Staaten gibt, kann man das mutig als positiv einstufen. Zum Vergleich: Im Jahr 2022 wurde der Index das dritte Mal in Folge von Dänemark angeführt. Finnland und Südkorea belegten die Plätze zwei und drei. Österreich liegt hier auf Platz 20 und damit immer noch vor Deutschland.[7] Da ist noch sehr viel digitale Luft nach oben.

Warum steht Deutschland im Vergleich nicht besser da?

In vielen Behörden und Ämtern werden digitale Abläufe immer noch nicht umgesetzt. Schlicht, weil dort immer noch analog gearbeitet werden muss. Den Mitarbeitenden kann man kaum einen Vorwurf machen. Und manchmal können sie einem auch leidtun, weil sie den Frust der Bürger unmittelbar abbekommen. Die unzureichende Digitalisierung in der Verwaltung erlebt man als Bürger spätestens, wenn man einen Termin bei seinem Amt, dem Bürgeramt, hat. Dann sitzt man im Warteraum und muss Anträge und Dokumente noch auf Papier ausfüllen, weil diese vor Ort händisch abgegeben werden müssen. Außer, man hat zu Hause noch ein Fax, dann stehen einem selbstverständlich alle Behördentüren offen. Dann kann den Eifer eigentlich nur noch ein Papierstau bremsen. »Ich hatte die skurrile Situation, dass ich einen Bauantrag 2020 gestellt habe, da musste ich noch eine CD mit abgeben.«[8] So scherzte der Grünen-Politiker Michael Kellner im August 2023 in der *ARD* gegenüber der *Tagesschau*.

Über die digitale Infrastruktur sprachen wir schon im vorangegangenen Kapitel: Einflüsse der Digitalisierung auf menschliche Kommunikation. Was andere europäische Länder sonst noch besser machen als Deutschland? Leichter zu beantworten ist, wer es in Europa besser macht: Zu den digitalen Vorbildstaaten zählen schon seit Langem Estland und Dänemark. In Estland ist beispielsweise der digitale Personalausweis bereits seit mehr als 20 Jahren Pflicht. Das heißt: digitale Normalität seit zwei Dekaden! Auch beim Wählen sind uns die Esten voraus. Seit 2005 können die Bürger dort ihre Stimme elektronisch abgeben. 2023 wählte erstmals die Hälfte aller Wahlberechtigten mittels E-Voting. Ebenfalls rekordverdächtig sind die Dänen. Sie führen unangefochten bei diversen Digitalisierungsrankings. Wen es interessiert: Eine eigene Website (digitales-daenemark.de) der Königlich Dänischen Botschaft in Berlin informiert über den digitalen Wandel im Allgemeinen in Dänemark und die Zukunft der öffentlichen Digitalisierung Dänemarks. Elektronische Patientenakten und digitale IDs gibt es bei den Dänen zum Beispiel schon seit 2007. Heutzutage können in Dänemark viele Anträge nur noch online gestellt werden. Die Bürger werden also in die Pflicht genommen. Wer dabei nicht mitmachen will, kann sich schriftlich davon befreien lassen.

Woran mangelt es, wenn es in D an Digitalisierung fehlt?

Man lese und staune und stelle fest, dass alles (Digitalisierungsmangel) mit allem (Fachkräftemangel) zusammenhängt:

> »Um die Digitalisierung in Deutschland voranzutreiben, sind gut ausgebildete Fachkräfte unerlässlich. Es sind laut einer IW-Studie, die im Dezember [2022] veröffentlicht wurde, nicht nur Informatiker und Hochqualifizierte, die für den digitalen Umbau wichtig sind. Auch in Bereichen wie der Elektronik seien gut ausgebildete Fachkräfte unerlässlich, um Deutschland zu digitalisieren. Doch gerade in Ausbildungsberufen wie ›Elektroniker/in für Betriebstechnik‹ werde die Fachkräftelücke in den kommenden Jahren bis 2026 enorm wachsen, so die Forschenden des [Instituts der deutschen Wirtschaft, Köln]. Rund 8000 Fachkräfte könnten in diesem Bereich bis 2026 fehlen. Und dass, obwohl es in den Jahren von 2018 bis 2021 gerade in Digitalisierungsberufen einen ›Beschäftigungszuwachs‹ gegeben habe, der ›deutlich

höher als im Durchschnitt aller Berufe‹ war, heißt es. Ein Trend, der sich fortsetzen dürfte: Bis 2026 könnte die Zahl der Arbeitnehmer in Digitalisierungsberufen ›um weitere 11,2 Prozent auf fast drei Millionen steigen‹. In der Summe wird das laut den Forschern des IW aber nicht reichen, um den Fachkräftemangel in den Digitalisierungsberufen zu beheben. ›Im Jahr 2026 könnten knapp 106 000 qualifizierte Arbeitskräfte in Digitalisierungsberufen fehlen‹, so ihr abschließendes Urteil.«[9]

Mangelerscheinungen sind in unserer hochentwickelten westlichen Gesellschaft kaum bekannt. In Deutschland eigentlich gar nicht. Und nun das: eine neue Form des Vitamin-D-Mangels. Digitalisierungsmangel. Ausgerechnet bei uns. Was tun? Leider hilft hier keine Anfrage beim Robert-Koch-Institut. Eine Stellungnahme werden wir nicht bekommen. Wenn wir ehrlich sind, dann sind uns bisher eigentlich nur die Ursachen und die Folgen des Digitalisierungsmangels bekannt. Nicht aber die entsprechende Therapie, um entgegenzuwirken, oder noch besser ein Allheilmittel, um das Übel bei der Wurzel zu packen. Und genau das würde so dringend gebraucht.

Was muss also getan werden, um den Digitalisierungsmangel in Deutschland zu bekämpfen? Was braucht es? Auf Unternehmensseite Entschlossenheit und Mut, das stimmt, aber reicht das aus? Schauen wir mal genau hin. Man kann sicher sagen, dass fehlende Entschlusskraft und Mutlosigkeit bei gleichzeitiger Forderung nach Entschlossenheit, eine brisante Gefühlslage entstehen lassen, eine Instabilität in Form von Rat- und Hilflosigkeit. Diese Konstellation ist zudem dem unternehmerischen Impetus beziehungsweise Impulsverhalten, die Dinge kontrollieren zu wollen und auch unter risikobehafteten Wandelsituationen entscheiden zu können, diametral entgegengesetzt. Wenn man die Hauptaufgabe eines Unternehmers oder eines Vorstandvorsitzenden darin sieht, die Entscheidungsfähigkeit für das Unternehmen sicherzustellen, dann braucht es auf der persönlichen Ebene Entschiedenheit, um diese Funktion zu erfüllen. Wer über längere Zeit hinweg ambivalent ist, gefährdet die Entscheidungsfähigkeit des Unternehmens. Als Mutmacher plädiere ich für Entschlossenheit. Das gilt natürlich nicht exklusiv, wenn es um die Digitalisierung im Unternehmen geht, sondern grundsätzlich immer dann, wenn Änderungen anstehen oder Entwicklungen, die von außen kommen, dringlich werden.

Zurück zum Digitalisierungsmangel und zur Frage, was wir tun müssten, um in Deutschland dagegenzuhalten. Zuerst muss uns allen klar werden, dass Deutschland in Sachen Digitalisierung kein Vorreiter, sondern ein Nachzügler ist. Das müssen wir uns bewusstmachen. Warum bewusstmachen? Weil wir wissen müssen, wo wir stehen. Nur so können wir die Realität anerkennen, daraus die Konsequenzen ziehen und ins Handeln kommen. Das klingt banal? Motivationspsychologie ist eine Wissenschaft, die erforscht, welche Faktoren erfolgreichem Handeln zugrunde liegen.

Am Anfang des erfolgreichen Handelns steht nun einmal das Reflektieren, Abwägen, Nachdenken, Bewusstmachen. Was will ich erreichen? Erst darauf folgen Zielsetzung, Planung und Agieren. Wir kennen das Sprichwort: Gefahr erkannt, Gefahr gebannt. Wie jedes Sprichwort ist auch dieses eine starke Vereinfachung eines Sachverhalts. Trotzdem bedeutet das Erkennen der Gefahr, dass wir ihr Potenzial beurteilen und so entsprechende Schutzmaßnahmen ergreifen können. Genug der Psychologie. Mehr zum Thema Motivationspsychologie finden Sie im Kapitel »Auf dem Holzweg: Oder auf der Suche nach der großen Lösung«. Nun zur Praxis. Ich sehe verschiedene Punkte, wo der Hebel angesetzt werden muss:

1. **In Sachen Breitbandausbau** und Infrastruktur müssen Politik und Netzbetreiber sofort ihre »Hausaufgaben« machen; Entschlossenheit ist gefragt, denn eine schnelle und zuverlässige Internetverbindung ist essenziell für die Digitalisierung. Hier haben besonders die ländlichen Regionen noch ein Nachsehen. Das muss anders werden.
2. **Auf Unternehmensebene** ist eine regelmäßige Überprüfung des Digitalstatus nötig. Erst, wenn diese Frage kontinuierlich beantwortet werden kann, ist zu erkennen, inwieweit Prozesse im Unternehmen durchdigitalisiert sind. Diese Überprüfung muss ständig beziehungsweise in kurzen Zeitabständen erfolgen. Erst dann kann auch der digitale Wandel stattfinden.
3. **Die Behördenprozesse** müssen schneller digitalisiert werden. Genehmigungen und Regeln für Unternehmensgründer, aber auch für etablierte Unternehmen wirken häufig als Feststellbremse. Solange das so ist, bleibt es schwierig, mit innovativen Technologien und tollen Konzepten auf dem Markt Fuß zu fassen.

4. **Die Politik** muss auf Bundes- und Landesebene die gleichen Förderprogramme, Regeln und Gesetze zum Ausbau, zum Erhalt und zur Unterstützung der Digitalisierung auflegen. Hier ist Zusammenarbeit gefragt. Wir schaffen das nur, wenn alle gemeinsam anpacken.
5. **Im Bereich Bildung** brauchen wir einen Masterplan für die Digitalisierung der Schulen. Das Klassenzimmer der Zukunft ist für mich noch nicht zu erkennen. Der erhoffte Digitalisierungsschub durch die Corona-Krise ist weitgehend ausgeblieben oder verpufft. Die IT einer Schule ist mit der IT eines kleinen mittelständischen Unternehmens vergleichbar, und ihr Aufbau und Betrieb erfordern entsprechendes Know-how. Genau das aber ist in vielen Schulen nicht oder nur unzureichend vorhanden. Wegen des Fachkräftemangels sind IT-Experten nur schwer zu finden und zudem sehr teuer. Häufig müssen Lehrkräfte einspringen und die IT nebenher betreuen.
6. **Generell** muss der Druck von Investoren, Zulieferfirmen, Verbraucherinnen und Verbrauchern noch viel größer werden, damit Unternehmen sich digital weiterentwickeln. Unternehmen müssen sich offener zeigen und die Möglichkeiten der Digitalisierung anerkennen und nutzen. Mehr Zuversicht, mehr Mut, mehr Enthusiasmus, bitte. Viele Unternehmen schauen auf die Digitalisierung noch wie die Maus auf die Schlange …

Am 20. und 21. November 2023 fand in Jena der seit 2006 jährlich durchgeführte Digital-Gipfel der Bundesregierung statt. Auf dem Digital-Gipfel in Thüringen diskutierten rund 1000 Teilnehmer aus Politik, Wirtschaft und Wissenschaft über eine Umsetzung der digitalen Transformation. Der für Verkehr und Digitalisierung zuständige Minister Volker Wissing (FDP) gab den Tenor vor: Es gebe eine rasante Entwicklung in vielen Bereichen der Technologie, der Digital-Gipfel sei daher noch nie so wichtig gewesen. Und irgendwann fiel in einem seiner zahlreichen Statements vor der Presse dieser bemerkenswerte Satz, den ich hier sinngemäß wiedergebe: »Bei der Digitalisierung dürfen wir uns nicht verzetteln.« Dem habe ich nichts mehr hinzuzufügen.

WIR KOMMUNIZIEREN MIT DER ZUKUNFT UND NEHMEN MIT!

Fünf Take-aways, die auf dem Weg zur Digitalisierung Orientierung geben:

- Machen Sie sich zur Aufgabe, Ihren Digitalstatus in regelmäßigen Abständen kritisch zu überprüfen.
- Engagieren Sie sich auf politischer, gesellschaftlicher oder kultureller Ebene, um Fachkräfte zur Umsetzung der Digitalisierung anzulocken.
- Passen Sie Ihr Mindset an: Es ist leicht, vieles schlechtzureden. Sprechen Sie öfter über das, was gut läuft. Über Probleme zu reden, schafft nur neue Probleme.
- Suchen Sie den persönlichen Kontakt zu Ihrem Kommunalvertreter. Gehen Sie mit ihm oder ihr in den Dialog. Betonen Sie die Notwendigkeit der digitalen Infrastruktur in der Region.
- Falls Sie noch ein Faxgerät haben, geben Sie es einfach am Wertstoffhof in den Elektroschrott oder tragen Sie das Ding ins Museum. Aber lassen Sie los!

DIGITALISIERUNG BRAUCHT KOMMUNIKATION UND FÜHRUNG

Mit zunehmender Nutzung digitaler Medien zeigen sich auch vermehrt die Nachteile der alltäglich gewordenen Kommunikation per E-Mail, Messengerdiensten wie WhatsApp, X oder Telegram sowie per Kurzmitteilungen wie SMS oder via Blogs. Wir kennen das alle aus eigenem Erleben: Die überbordende Menge an E-Mails und der damit einhergehende Informationstsunami führen zwangsläufig zum Kommunikationsoverload. Es kommt zu einer Überforderung, weil wir Wichtiges von Unwichtigem nicht mehr zu unterscheiden wissen. Dazu kommen Schnelligkeit und Nachlässigkeit, die wiederum Missverständnisse nach sich ziehen können; ein vermeintlich falsches Wort beim Chatten und eine gute Beziehung gerät prompt in Schieflage.

»We all are overnewsed but underinformed.« Diesen Satz prägte der Schriftsteller Aldous Huxley bereits 1932 in seinem Roman *Schöne neue Welt*. Zu dieser Zeit wurden Informationen und Nachrichten noch fast ausschließlich über Zeitungen und Radio verbreitet und konsumiert. »Schöne alte Welt« würden wir heute wohl sagen. Rund 90 Jahre später haben wir bereits ein Jahrzehnt des digitalen Wachstums hinter uns, wie dem *Digital Report 2022*[1] zu entnehmen ist. Es ist anzunehmen, dass sich die Menschen 1932 durch eine Überladung durch Print- und Rundfunk-News ähnlich überfordert fühlten wie wir heutzutage durch die digitalen Medien, denn Überforderung ist ein höchst subjektives Gefühl und wird sicherlich im situativen und historischen Kontext erlebt. Tatsache ist, dass durch unsere digitale Kommunikation nicht nur die Informationsflut enorm zugenommen hat, auch die Möglichkeiten der kommunikativen Interaktion zwischen Menschen oder zwischen Menschen, Unternehmen und Organisationen haben sich erheblich vergrößert. So können Missverständnisse durch Fehler oder Konflikte durch bewusste Fehlinformation entstehen.

Kommunikationsprobleme zu lösen, die bei der Nutzung digitaler Medienkanäle auftreten können, setzt voraus, dass wir ein grundsätzliches Verständnis für *Kommunikationsprozesse* entwickeln. Wie funktioniert zwischenmenschliche Kommunikation? Und wie beeinflusst die digitale Interaktion den kommunikativen Austausch? Um Antworten auf diese Fragen zu finden, müssen wir uns zunächst allgemein mit Kommunikationsprozessen, mit Sprache und Kommunikationskanälen befassen.

Die veränderten Interaktionsbedingungen durch die Nutzung digitaler Medienkanäle hat ein verändertes Kommunikationsverhalten zutage gefördert. Texte überfliegen wir oft nur noch. Das hastig geschriebene Wort verliert an Wert. Gleichzeitig verändert sich das digital Geschriebene in die andere Richtung und gewinnt an Bedeutung. Denn die Möglichkeit der schnellen und einfachen Rückschau auf ein gespeichertes digitales Schriftstück oder auf einen vermeintlich delikaten Chatverlauf, können auch noch Monate oder Jahre später zur Belastung für die Beteiligten werden. Chatprotokolle dienen heutzutage immer häufiger als Beweismaterial in juristischen Auseinandersetzungen. Man denke zum Beispiel an die Chatnachrichten aus den Ermittlungsakten zur sogenannten Causa Kurz, durch die Österreichs Ex-Kanzler in Erklärungsnot geriet. Ausschlaggebend dafür waren die Chatprotokolle seines Ex-Generalsekretärs Thomas Schmid – »Call me Mr. Umfrage«[2]. Das Mobiltelefon Schmids, das kompromittierende Nachrichten enthielt, löste die Affäre aus.

Chatprotokolle könnte man im Prinzip zwar löschen, so wie man eine Akte mit Schriftstücken verbrennen kann, aber die IT-Technik ist heutzutage doch so weit, dass manches, was man auf ewig hatte »löschen« wollen, wieder hervorgeholt werden kann. Das gilt auch für »totgeglaubte« digitale Handydaten, die zombiegleich wieder zurückkehren können. Nachrichten können lange im Nachhinein noch abgerufen werden. Außerdem sorgen technische Einstellungen am Handy dafür, das Nachrichten archiviert werden. Und dass man diese Einstellung an seinem Handy irgendwann einmal gewählt hat, hat man genauso schnell vergessen, wie man die Einstellung vorgenommen hatte. – Analoges verbrennen und Digitales löschen? Der Unterschied ist doch größer, als man annimmt.

Apropos Sprache: Früher sagte einmal ein Sprichwort: »Worte sind wie Vögel. Hat man sie einmal losgelassen, kann man sie nicht mehr einfangen.« Gemeint war hier vor allem das gesprochene Wort, wenn von »loslassen« die Rede war. Diese Metapher gilt heute im Digital-Zeitalter der Kommunikation noch hundertfach mehr, denn der Vogel, sprich das Wort, fliegt heute in Sekunden durch die Sozialen Medien in die ganze Welt und ist garantiert nicht mehr einzufangen. In unserer digitalen Welt will immer gut überlegt sein, was man schreibt oder spricht.

Aber auch das Thema Datenschutz ist im Kontext digitaler Kommunikation kritisch zu betrachten. Allgemein ist bekannt, dass man seine Daten schützen sollte. Das gilt für Privatpersonen wie für Unternehmen. Denn was Messengerdienste wie WhatsApp oder soziale Netzwerke wie Facebook mit den Daten und persönlichsten Informationen der User machen und ob und wie diese Daten geschützt werden, ist nicht hundertprozentig bekannt.

Dass digitale Kommunikation Menschen und Organisationen sehr von Nutzen sein kann, steht außer Frage. Sie kann aber auch Angriffsfläche bieten und sehr verletzlich machen. Vor allem in Unternehmen braucht es daher neben einer klaren Sprachregelung vor allem Regeln, was die Nutzung digitaler Tools und Kanäle betrifft. Dafür wiederum braucht es Führung – analog wie digital. Denn Führung bietet Anleitung und Orientierung.

Um besser zu verstehen, worin die Ursachen liegen können, wenn in der Kommunikation etwas schiefläuft, blicken wir zunächst auf die analoge Kommunikation. Stellen wir uns dafür ein Gespräch zwischen zwei Personen vor. Eine Verhandlung vielleicht. Und machen wir uns gleichzeitig klar, dass es »ein Gespräch führen« heißt. Wohin führt das Gespräch? Die Verhandlung? Was kann hier zu Missverständnissen oder Konflikten führen? – Ein Gespräch führen. Kommunikation und Führung. Wenn wir uns aufmerksam selbst zuhören, erkennen wir sehr schnell, dass beides untrennbar zusammenhängt. Kommunikation ist Führung. Führung ist Kommunikation.

Zwischenmenschliche Kommunikation ANALOG

Wie lässt sich menschliche Kommunikation erklären? Antworten darauf versucht die Wissenschaft anhand verschiedener Kommunikationsmodelle zu geben. Wohl jedem von uns ist schon einmal das Sender-Empfänger-Modell begegnet. Daneben gibt es noch weitere Modelle, auf die ich jedoch nicht näher eingehen will. Im Prinzip genügt es, ein einziges Kommunikationsmodell zu verinnerlichen. Und hier ziehe ich das Eisbergmodell als eines der bekanntesten Kommunikationsmodelle heran. Dessen Bekanntheit hängt wohl damit zusammen, dass man es häufig mit Sigmund Freud in Verbindung bringt. In Schulzeiten sind viele von uns wahrscheinlich erstmals mit der Freud'schen Version konfrontiert worden: Ich, Es und Über-Ich. In seinem Modell teilt der Psychoanalytiker Freud die menschliche Psyche in drei Instanzen auf.

Folgt man dem Modell Freuds, liegen das Es und das Über-Ich zum überwiegenden Teil im Unterbewusstsein. Sie machen also die nicht sichtbaren Anteile des Eisberges aus. Und obwohl sie unsichtbar sind, beeinflussen sie maßgeblich das sichtbare menschliche Handeln und ebenso die menschliche Kommunikation – sprich das Ich.

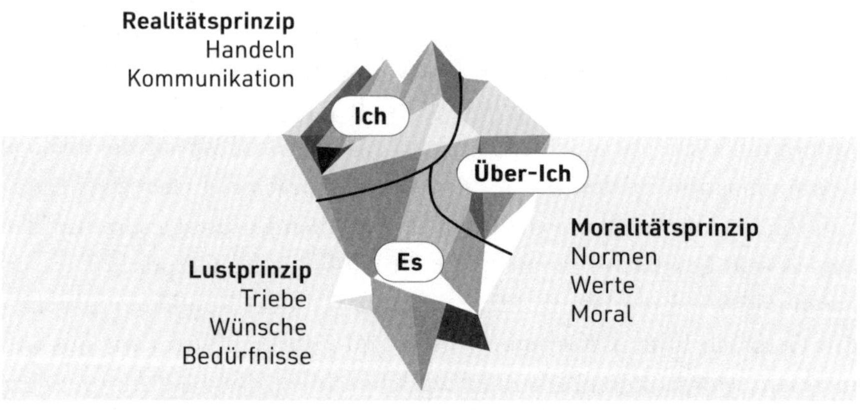

Abb. 5: Das Eisbergmodell nach Sigmund Freud, auch Drei-Instanzen-Modell genannt

Der Eisberg wird verschiedentlich als Symbol für die Erklärung bestimmter Sachverhalte benutzt. Und obwohl als Metapher häufig eingesetzt, ist das Bild des Eisberges auch hier durchaus sinnvoll. Denn in der Kommunikation liegt der wichtigste und anteilig größte Bereich der Kommunikation ebenfalls unter der Oberfläche; anders gesagt: im Verborgenen. Wie menschliche Kommunikation funktioniert, lässt sich daher am besten mithilfe des Eisbergmodells erklären. Wie Abbildung 5 zeigt, befinden sich bei einem Eisberg nur etwa 20 Prozent des Gesamtvolumens oberhalb des Wassers, der größte Teil, 80 Prozent, liegt unterhalb der Wasseroberfläche.

Diese Aufteilung gilt auch für die zwischenmenschliche Kommunikation. Das Eisbergmodell macht zudem deutlich, dass es in der Kommunikation zwischen zwei Kommunikanten immer eine Sachebene und eine Beziehungsebene gibt und davon etwa 20 Prozent im sichtbaren Bereich liegen (bewusste Kommunikation), aber etwa 80 Prozent im unsichtbaren Bereich (unbewusste Kommunikation) verborgen sind. Die bewusste Kommunikation oder sichtbare Sachebene beinhaltet alle Fakten und Informationen, die ein Gesprächspartner einem anderen Gesprächspartner durch Worte mitteilt.

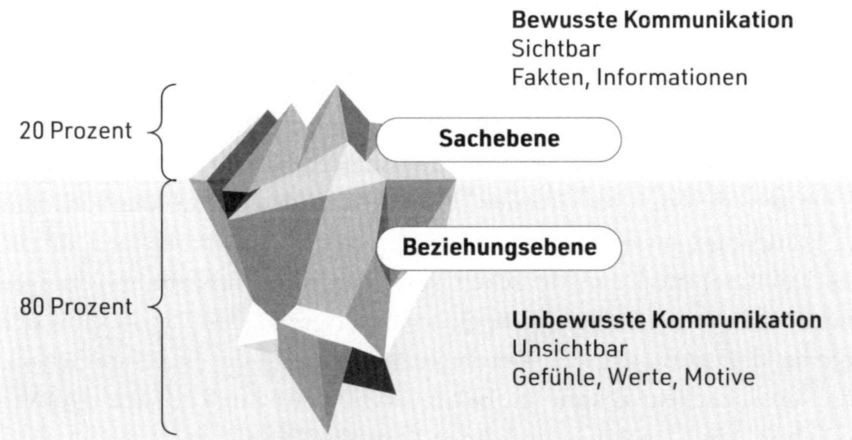

Abb. 6: Das Eisbergmodell veranschaulicht die beiden Kommunikationsebenen

Die übrigen 80 Prozent stellen die unbewusste, nicht sichtbare Beziehungsebene dar. Dazu zählen Gefühle, Wertvorstellungen und Motive. Diese Anteile werden häufig nonverbal, durch Mimik, Gestik und Tonfall, ausgedrückt – und können gelesen werden. Das kann man lernen und trainieren. Hier erlaube ich mir auf mein erstes Buch *Kommunikative Kompetenz* zu verweisen, in dem ich die bunte Palette menschlicher Kommunikation ausführlich betrachtet habe. Denn ob verbal oder nonverbal: Kommunikation ist der Schlüssel auch für erfolgreiche Führung. Und dabei geht es um weit mehr als nur darum, das Richtige zu sagen oder zu verstehen zu geben. Wer erfolgreich kommunizieren will, muss sich vor allem auf das Gegenüber einstellen können und dessen Sicht der Dinge begreifen. Der Knackpunkt dabei ist, dass ein Gesprächspartner die nicht sichtbaren persönlichen Hintergründe des anderen Gesprächspartners niemals ganz erfassen kann. Gleichzeitig ist zu bedenken, dass diese unsichtbaren Anteile die Kommunikation erheblich beeinflussen. Die Relation zwischen Sachebene und Beziehungsebene (80/20-Aufteilung) ist jedoch nicht in Stein gemeißelt, sondern ein Richtwert. Grundsätzlich wird aber deutlich, dass die nicht sichtbare Beziehungsebene einen viel größeren Anteil an der Kommunikation hat als die sichtbare Sachebene. Was bedeutet das für die zwischenmenschliche Kommunikation? Wenn Menschen kommunizieren, können Missverständnisse auftreten und das kann zu Problemen führen; entweder auf der Sachebene oder auf der Beziehungsebene. Zu Problemen auf der Sachebene kann es beispielsweise dann kommen, wenn ein Gesprächspartner eine Information des anderen Gesprächspartners falsch verstanden hat oder er nicht mitreden kann, weil ihm zum betreffenden Thema kaum oder keine Fakten vorliegen.

Eindeutig schwieriger wird es bei Kommunikationsproblemen auf der Beziehungsebene. Denn Menschen haben fast immer Erwartungshaltungen oder sogar Vorurteile dem Gesprächspartner gegenüber. Davon kann sich niemand ganz freimachen. Derartige Probleme auf der Beziehungsebene, die »unsachlichen« Ursprungs sind, lassen sich nur durch gegenseitiges Verständnis, durch Rücksicht und durch Empathie lösen.

Zwischenmenschliche Kommunikation DIGITAL

Im Vergleich zur analogen Kommunikation ist die digitale Kommunikation mehr als eine von zwei Kommunikationsarten. Digitale Kommunikation ist bereits für sich betrachtet ein mehrschichtiger Begriff. In der Kommunikationswissenschaft beschreibt der Begriff zwei grundverschiedene Sachverhalte. Zum einen bezieht sich die digitale Kommunikation auf den zwischenmenschlichen Informationsaustausch mittels Sprache und Schrift, zum anderen auf die Nutzung digitaler Medien, etwa über das Internet. Darüber hinaus versteht man unter digitaler Kommunikation aber auch den Austausch digitaler Daten über Netzwerkprotokolle – ohne menschliche Beteiligung.

Digitale Kommunikation ist im Vergleich zur analogen Kommunikation noch sehr jung. Dennoch existiert sie bereits seit den 1990er Jahren. Und zwar seit es Computer gibt, die zuerst die Unternehmen und dann als Personal Computer auch die privaten Haushalte eroberten. Computer gab es also schon Jahre vor dem Internet. Ohne Computer gäbe es kein Internet. Die digitale Kommunikation mittels Internets wurde aber erst mit dem World Wide Web möglich. Die Idee kam dem US-amerikanischen Computer-Experten Tim Berners-Lee zirka 1990. Seit dem 30. April 1993 kann das World Wide Web jeder nutzen, der einen Zugang zum Internet hat.

»Das Internet ist für uns alle Neuland«[3], sagte unsere Ex-Kanzlerin Angela Merkel bei einer Pressekonferenz mit Ex-US-Präsident Obama im Sommer 2013. Da feierte das Internet bereits seinen zwanzigjährigen Geburtstag. Bei Merkel klang das, als habe das World Wide Web eben erst das Licht der Welt erblickt. Mit diesem einen Satz war sie sofort Netzthema Nummer eins. Neuland? Es hatte nur wenige Sekunden gedauert, bis der Spott-Sturm im Netz losbrach. Die einen fanden es peinlich, die meisten fanden es lustig.

> »Schon damals waren digitale Medien […] ein fester Bestandteil der Lebenswelt von Kindern, Jugendlichen und Erwachsenen. Umso größer war der Aufschrei. […] Heute ist die Welt digital, und Menschen aller Altersstufen finden dort ihren Platz. Das Neuland wurde besiedelt, aber wirklich verstehen tun es die wenigsten.«[4]

Digitale Kommunikation ist eben ein mehrdeutiger Begriff. Und daher oft nur schwer zu begreifen. Im Gegensatz zu anderen Kommunikationsformen zeigt sie einige Besonderheiten und Unterschiede. Und manchmal versteht sogar eine Person wie Angela Merkel, die Physik studierte und deren Diplomarbeit 1978 mit dem Titel »Der Einfluss der räumlichen Korrelation auf die Reaktionsgeschwindigkeit bei bimolekularen Elementarreaktionen in dichten Medien«[5] mit »sehr gut« bewertet wurde, die digitale Welt nicht.

Der weltweit bekannte österreichische Kommunikationswissenschaftler Paul Watzlawick definierte die digitale Kommunikation 1969 in seinem Buch *Menschliche Kommunikation* noch als eine von zwei Kommunikationsarten:

> »Menschliche Kommunikation bedient sich digitaler und analoger Modalitäten. Digitale Kommunikationen haben eine komplexe und vielseitige logische Syntax, aber eine auf dem Gebiet der Beziehungen unzulängliche Semantik. Analoge Kommunikationen dagegen besitzen dieses semantische Potenzial, ermangeln aber der für eindeutige Kommunikationen erforderlichen Syntax.«[6]

Über fünf Jahrzehnte nach Paul Watzlawick (1921–2007) beschäftigen sich die Kommunikationswissenschaften auch heute weiterhin mit den vielfältigen Fragen zur digitalen Kommunikation. Im Kontext aktueller Forschung zeigt sich dann aber, wie vielschichtig die digitale Kommunikation heute gesehen wird:

1. **Netzbasierte Kommunikation** beschäftigt sich mit Methoden, mit denen Menschen über Computernetzwerke kommunizieren; zu diesen Kommunikationsmethoden zählen vor allem E-Mail und Mailinglisten, Chat- und Messengerdienste, Newsgroups und Internetforen sowie Videokonferenzen, die insbesondere im B2B-Bereich eingesetzt werden.
2. **Computervermittelte Kommunikation** beschäftigt sich mit der Wechselwirkung, die zwischen den Kommunikationsmedien und ihren Nutzern auftreten; hierbei nutzen Menschen Rechner zum Aufbau einer Datenverbindung sowie zum Austausch von Nachrichten und/oder weiteren Mitteilungen.

3. **Mensch-Maschine-Kommunikation** beschäftigt sich mit der Frage, inwieweit sich menschliche Kommunikation automatisieren ließe und wie die sprach- und bildbasierten Schnittstellen zwischen Technik und Mensch optimal gestaltet werden sollten; zur MMK zählen etwa Dialogsysteme, Wissensrepräsentation und natürlich die künstliche Intelligenz.
4. **Kommunikationstechnik** beschäftigt sich mit den Kommunikationstechnologien, die für die technisch gestützte Kommunikation notwendig sind; Ziel jeglicher Art von Kommunikationstechnik ist die von Ort-zu-Ort-Übertragung von Informationen in Form von Daten, Sprache oder Bildern.
5. **Wirtschaftsinformatik** beschäftigt sich mit komplexen wirtschaftlichen und technischen Zusammenhängen; hier etwa mit der Ausgestaltung der Digitalisierung in betrieblichen Prozessen und deren ökonomischen Wirkung.

Digitale Kommunikation – Stärken und Schwächen

Im Vergleich zur analogen Kommunikation hat die digitale Kommunikation viele Vor-, aber natürlich auch Nachteile. Im Prinzip hängt das eine wie das andere allerdings immer auch von der Anwendungssituation ab und davon, wie der einzelne User mit der digitalen Kommunikation und den jeweiligen digitalen Tools und deren Möglichkeiten umgeht. Die digitale Kommunikation macht es uns möglich, Botschaften an ein breites Publikum heranzutragen. Jeglicher Informationsaustausch erfolgt schnell und unkompliziert. Auch größere Distanzen lassen sich einfach überbrücken und Kontakte auf diese Weise halten und pflegen. Und das sogar über unterschiedliche Zeitzonen hinweg. Das klingt erst einmal sehr begrüßenswert. Aber die digitalen Kommunikationsmöglichkeiten haben auch Nachteile. Vor allem in der Arbeitswelt gewinnt man schnell den Eindruck, dass man überall und immer erreichbar sein muss – wenn auch oftmals nur gefühlt. Dazu kommt, dass digitale Kommunikation nicht immer eindeutig ist. Missverständnisse entstehen schon deshalb, weil die Beziehungsebene fehlt. Nonverbale Aspekte wie Tonlage und Stimmung lassen sich digital nicht wahrnehmen. Die Folge: Menschen kommunizieren häufiger aneinander vorbei. Daran können auch Videokonferenzen nichts ändern. MS Teams, Zoom oder andere Tools sollen einen Eindruck von persönlicher Kommunikation vermitteln, sind tatsächlich aber nur eine Form von pseudo-persönlicher Kommunikation. Sie sind nicht in der Lage, bestimmte Stimmungen und zwischenmenschliche Aspekte zu übermitteln. Ersatzweise greifen wir gerne zu Emoticons, Emojis oder GIFs. Doch auch so sind wir vor Fehlinterpretationen nicht sicher.[7]

Ein weiterer Nachteil digitaler Kommunikation – etwa von Video-Calls – ist die Tatsache, dass die Teilnehmer schneller ermüden. »Zoom Fatigue« heißt das Phänomen, das jüngst von der Wissenschaft zum ersten Mal neurophysiologisch nachgewiesen wurde. Dass Konferenzen und Meetings ermüdend sein können, haben wir alle schon erlebt. Die meisten Mitarbeitenden finden Meetings unproduktiv. Trotzdem nehmen sie daran teil – und das nicht nur, weil sie müssen. Sie langweilen sich lieber und vertreiben sich die Zeit mit dem Lesen von Messages, E-Mails oder Posts. Unter ihnen: die Low-Performer, die sich besonders gerne die Zeit im Konfi vertreiben, weil sie hoffen, so besonders beschäftigt zu wirken. High-Perfomer, also die Erfolgshungrigen, wissen mit ihrer Zeit dagegen oft weit Besseres anzustellen, denn sie können sich kaum über Leerlauf und Langeweile im Job beklagen.

Im Herbst 2023 konnten Forschende der Fachhochschule Oberösterreich und der Technischen Universität Graz anhand von EEG- und EKG-Daten erstmals belegen, dass Videokonferenzen und Online-Bildungsformate zu noch stärkerer Erschöpfung führen als Alternativen in Präsenz. Das heißt, Konferenzen am Monitor machen noch müder als die Anwesenheit am runden oder eckigen Tisch:

> »Die Studie ist im renommierten Fachjournal *Scientific Reports* erschienen. ›Ein besseres Verständnis von Videoconference Fatigue ist wichtig, da dieses Phänomen weitreichenden Einfluss auf das Wohlbefinden von Einzelpersonen, zwischenmenschliche Beziehungen und organisationale Kommunikation hat‹, betont René Riedl [Professor an der FH Oberösterreich, Campus Steyr]. Gernot Müller-Putz [Professor an der TU Graz, Institut für Neurotechnologie] erläutert weiter, dass ›eine ganzheitliche Sichtweise auf die zugrunde liegenden psychologi-

schen und physiologischen Mechanismen vonnöten ist, um effektive Strategien zur Bewältigung der schädlichen Auswirkungen von Videoconference Fatigue zu entwickeln.«[8]

Von der sogenannten Videokonferenzmüdigkeit wurde zum ersten Mal in der Zeit der Lockdowns (erstmals Mitte März 2020) berichtet. Von Psychologen konnten seinerzeit vier Hauptgründe identifiziert werden:

1. **Reizüberflutung:** Im Vergleich zu üblichen Meetings besteht bei Videokonferenzen eine Reizüberflutung: Teilnehmer schauen sich ständig gegenseitig an, betrachten Informationsinhalte oder machen sich laufend Notizen.
2. **Fremdbeobachtung:** Als Teilnehmer weiß man nie genau, ob man gerade unter Beobachtung steht oder nicht. Das kann verunsichern und von Besprechungsinhalten ablenken.
3. **Selbstbeobachtung:** Sich selbst auf dem Bildschirm zu sehen, kann ebenfalls sehr ablenkend sein. Jedes Mal, wenn man sich als Teilnehmer selbst betrachtet und über sein eigenes Aussehen nachdenkt, lenkt die Aufmerksamkeit vom Inhalt der Besprechung ab.
4. **Informationslücken:** Visuelle Informationen reichen meist nicht aus, um andere Teilnehmer inhaltlich vollständig zu verstehen beziehungsweise ihnen folgen zu können. Das liegt daran, weil Webcams fast immer nur die Gesichter der anderen Teilnehmer zeigen, die Körpersprache aber nicht sichtbar wird.

Digital kommunizieren und führen

Kommunikation ist ein wesentliches Instrument der Führung von Mitarbeiterinnen und Mitarbeitern. Heutzutage findet sie vielfach digital statt. Digitale Kommunikation ist so zu einem festen Bestandteil des Arbeitsalltags in Unternehmen jeder Größenordnung und nahezu jeder Branche geworden. E-Mail, Messengerdienste wie WhatsApp oder Online-Konferenzen via MS Teams oder Zoom sind fast überall Standard. Für Führungskräfte hat die digitale Kommunikation allerdings eine besondere Bedeutung. Sie müssen nun auch digital führen. Das ist die neue Normalität. Doch in der Regel sind Führungskräfte nur im technischen Umgang mit digitalen Medien geübt und selten geschult. Wie Mitarbeiter per E-Mail, Messengerdiensten oder in Webkonferenzen zu führen sind, ist und bleibt eine Herausforderung. Dazu kommt ein Faktor, von dem natürlich jeder Mensch betroffen ist, der digital kommuniziert: die Erwartungen an Erreichbarkeit und Reaktionszeit. Digitale Kommunikation kann Führung an vielen Stellen erleichtern. Sie kann aber auch neue Anforderungen an Führungskräfte stellen und sich zur psychischen Belastung entwickeln. Denn digitale Informations- und Kommunikationstechnologien können das Gefühl ständiger Bereitschaft fördern beziehungsweise Führungskräfte durch vermehrte Kommunikation und Informationsweitergabe überfordern. Hinsichtlich Erreichbarkeit und Reaktionszeit müssen feste Vereinbarungen getroffen und Regeln aufgestellt werden – auch zum Schutz der Gesundheit der Führungskraft.

Die Bundesanstalt für Arbeitsschutz und Arbeitsmedizin (BAuA) hat 2021 einen aktualisierten Bericht mit dem Titel *Führung digital: Anforderungen und Ressourcen bei Führungskräften*[9] veröffentlicht. Daten zu diesem Thema wurden von der BAuA erstmals vor der Corona-Pandemie 2018/2019 erhoben. Seitdem hat sich im Umgang mit digitalen Kommunikationsmitteln natürlich vieles verändert. Der 2021er Bericht kann online abgerufen werden. Den Link dazu finden Sie in den Endnoten.

Analog oder digital führen? Am besten sowohl als auch

Durch Kommunikation halten Führungskräfte den Informationsfluss in Bewegung, sie erteilen Arbeitsaufträge, leiten Projekte, führen Mitarbeitergespräche oder geben ein kurzes Feedback. Die Kommunikationsaufgaben der Führungskräfte wachsen mit der Anzahl der Mitarbeitenden. Dabei kommen in zunehmendem Maße auch digitale Kommunikationsmittel zum Einsatz, die Vorteile und Nachteile mit sich bringen. Zu den Vorteilen gehört ganz sicher die größere Flexibilität, was die Wahl des Arbeitsortes und der Arbeitszeit betrifft; sowie die Schnelligkeit, mit der kommuniziert werden kann. Aber die digitale Kommunikation ist eben nicht nur Segen, sie ist zugleich Fluch. Das Gefühl, ständig erreichbar sein zu müssen, kann schnell zur Überforderung führen. Die Betroffenen glauben, ständig kommunizieren und Informationen weitergeben zu müssen. Gleichzeitig fühlen sie sich unwohl, wenn sie tatsächlich einmal off sind, weil sie befürchten, etwas zu verpassen, was sie in ihrer Führung schwächen könnte.

FOMO gilt nicht nur bei jungen Usern digitaler Medien als ernstzunehmende Social-Media-Krankheit. FOMO steht für Fear Of Missing Out. Wer unter dem FOMO-Phänomen leidet, den plagt die Sorge, etwas zu verpassen. Dieser Gedanke, der stets im Hinterkopf arbeitet, sorgt für Stress. FOMO unter Führungskräften ist nicht neu. Seit gut zehn Jahren steht das Akronym FOMO im *Oxford Dictionary*. Das Phänomen soll seinerzeit erstmals im Silicon Valley ausgemacht worden sein. Es wird vor allem mit dem Handy und hier mit den sozialen Medien in Verbindung gebracht. Führungskräfte sind auch nur Menschen, die wie viele Heavy-Mobile-User befürchten, dass ihnen etwas Wichtiges entgehen könnte und dass sie aufgrund dessen zum Beispiel eine falsche Entscheidung treffen könnten. Auch der Vergleich mit anderen schürt weiter die Angst. Man stellt sich die Frage: »Kann jemand anderes das vielleicht besser als ich? – Ich muss aufpassen! Immer wachsam sein! Immer online!« Aber digitale Kommunikation hat noch andere Tücken. Sie erfolgt oft zeitversetzt. Bis man eine Antwort auf eine E-Mail oder eine Message erhält, vergehen immer einige Sekunden, manchmal Minuten, manchmal Stunden oder sogar Tage. Das kann nicht nur Arbeitsabläufe verzögern, sondern auch zu persönlicher Verunsicherung führen. »Warum bekomme ich keine Antwort? Ist meine E-Mail überhaupt angekommen?« Das sind noch die harmlosen Fragen, die sich der Betroffene stellt. Schwerer wiegen diese Fragen: »Werde ich nicht ernst genommen? Werde ich ignoriert?« Damit verbunden ist die Angst, die Erwartungen, die an einen gestellt werden, nicht erfüllen zu können. Ebenso kann bei fehlenden Face-to-Face-Begegnungen der Beziehungs- und Vertrauensaufbau leiden. Bei einem Vier-Augen-Gespräch und selbst am Telefon kann das nicht passieren, hier erfolgt die Reaktion stets sofort.

Digitale Kommunikation hat seit den Nullerjahren immer mehr an Bedeutung gewonnen und ist heute aus unserem Leben und Arbeitsleben nicht mehr wegzudenken. Andererseits ist persönliche Kommunikation durch nichts zu ersetzen. Analog ist es viel leichter, ein Team zusammenzuhalten und zu motivieren oder Konflikte zu lösen. Wer als Führungskraft mehrmals täglich digital kommuniziert, sollte immer auch die direkte Kommunikation suchen und sich nicht mit Haut und Haar der digitalen Kommunikation verschreiben. Führungskräfte sollten sich auch hier unbedingt ihren eigenen Handlungsspielraum erhalten. So wie man als Führungskraft ja generell Entscheidungen über Handlungen und Ziele selbstständig treffen können muss, so muss man auch darüber entscheiden können, wie oft man zu den digitalen Kommunikationstools greift und wann man sie zur Seite legt oder ganz abschaltet.

WIR KOMMUNIZIEREN MIT DER ZUKUNFT UND NEHMEN MIT!

Fünf Take-aways, die auf dem Weg zur Digitalisierung Orientierung geben:

- Stellen Sie klare Regeln im Unternehmen auf, wie die digitalen Kanäle zu nutzen sind.
- Kommen Sie als Unternehmer oder Führungskraft Ihrer Vorbildfunktion nach: Rücksicht und Empathie sind auch die Schlüsselfaktoren in der digitalen Kommunikation.
- Achten Sie im Rahmen digitaler Kommunikation unbedingt auf die Beziehungsebene. Stellen Sie sich auf Ihr Gegenüber ein. Fokussieren Sie sich nicht allein auf den Gesprächsinhalt.
- Machen Sie sich und Ihren Mitarbeitern bewusst, dass digitale Kommunikation sehr ermüdend sein kann. Also: Frischluft, Leitungswasser, Bewegung – Achtsamkeit.
- Limitieren Sie ständige Erreichbarkeit. Nehmen Sie Ihren Mitarbeitern die latente Sorge, dass sie etwas verpassen könnten, wenn sie einmal nicht online sind.

NEW WORK

MYTHOS ODER MEGATREND?

WAS NEUES ARBEITEN MIT DER ALTEN ARBEIT MACHT

Wer vollmundig von New Work spricht, meint eigentlich neue Arbeitsformen. Denn die Arbeit selbst, ist immer noch die alte. Genauer gesagt, meint New Work die Gesamtheit der modernen und flexiblen Formen der Arbeit beziehungsweise der Arbeitsorganisation. Dazu braucht es nicht einmal ein Büro. New Work braucht maximal einen Laptop und eine Internetverbindung. Bei New Work handelt es sich jedoch nahezu ausschließlich um Büroarbeit oder um solche, die man an einem Schreibtisch erledigen könnte. Ein Lokführer oder ein Stahlarbeiter an einem Hochofen kann von New Work nur träumen. New Work bedeutet aber nicht nur neue Arbeitsformen, sondern auch ein neues Verständnis von Arbeit, das die Grenzen zwischen Leben und Arbeiten im Alltag verschwimmen lässt. Arbeit – neue Arbeit – ist die Summe aller Tätigkeiten zu beruflichen Zwecken in unterschiedlichen Lebenssituationen und zu unterschiedlichen Tageszeiten. Wenn es der Arbeitgeber ermöglicht und die Arbeitsinhalte es erlauben, kann ein Arbeitnehmer *remote* arbeiten, also etwa von zu Hause aus. Er kann seinen Arbeitsplatz dann selbst bestimmen. Verfügt er über kein Arbeitszimmer, wird der Küchentisch meist als Zweitlösung umfunktioniert. Aber auch auf dem Balkon oder im Garten lässt sich arbeiten. Man erzählt sich, dass sich die österreichische Kaiserin Maria Theresia manchmal ein Tischchen »umbinden« ließ, um im Garten jederzeit schreiben zu können. Ob an dieser Geschichte etwas Wahres dran ist, lässt sich nicht mit Bestimmtheit sagen. Sicher ist: Sie galt als aufgeklärte Monarchin und so könnte es sein, dass ihr New Work nicht ganz fremd war.

Wie bereits angedeutet, wirkt sich New Work nicht nur auf alltägliche Lebenssituationen aus, sondern auch auf Arbeitszeiten. Mit New Work wird Arbeitszeit neu strukturiert. Während Old Work noch weitgehend durch lineare Nine-to-Five-Arbeitszeiten bestimmt wurde, werden mit New Work die linearen Strukturen der Industriegesellschaft aufgelöst. Denn zu den typischen Merkmalen der neuen Arbeitsrealität zählen neben flexiblen Arbeitsbedingungen ebenso flexible Arbeitszeiten. Letzteres stellt vor allem Arbeitgeber vor neue Herausforderungen. Die Frage, wie sich Arbeitszeiten, die Out-of-Office erledigt werden, einfach und objektiv erfassen lassen, sorgt für Beschäftigung einer ganzen Branche, die digitale Personalzeiterfassungssysteme entwickelt:

> »Lange Zeit befürchteten Unternehmen im mobilen Arbeiten von unterwegs oder von zuhause aus den Untergang der Arbeit. [...] Von unkontrollierbar über unproduktiv bis hin zu unsicher reichten die Gegenargumente. [...] Allen Unkenrufen zum Trotz haben wir während der Pandemie gelernt, dass wir Off-Office arbeiten können. [...] Es war ein einziges gigantisches Remote-Work-Abenteuer. [...] Technisch wäre es schon längst möglich gewesen, aber es mangelte doch immer an der Beweglichkeit der Manager. In ihren Köpfen war die Angst vor dem Kontrollverlust einfach viel präsenter als die Aussicht auf einen Kreativgewinn.«[1]

Mit Fragen der Arbeitszeiterfassung beschäftigt sich seit Längerem der deutsche Arbeitsminister Hubertus Heil (SPD). Denn eigentlich hat die Stechuhr, ein Relikt aus der Wirtschaftswunderzeit, schon lange ausgedient. Aber seit Homeoffice in der Arbeitswelt ist, fragt man sich: Was gilt als bezahlte Arbeit? Und wer kontrolliert das? Dass die Arbeitszeiterfassung in jedem deutschen Betrieb transparent und nachprüfbar aufgezeichnet werden müsse, das hatte das Bundesarbeitsgericht (BAG) bereits im September 2022 angemahnt. Im April 2023 hatte Minister Heil dann endlich seinen Gesetzentwurf zur Änderung des Arbeitszeitgesetzes vorgelegt. Darin heißt es:

> »›Der Arbeitgeber ist verpflichtet, Beginn, Ende und Dauer der täglichen Arbeitszeit der Arbeitnehmer jeweils am Tag der Arbeitsleistung elektronisch aufzuzeichnen.‹ [...] Für die elektronische Form der Erfassung soll es langfristig nur Ausnahmen geben, wenn der Ar-

beitgeber nicht mehr als zehn Mitarbeiter hat. Laut Entwurfsbegründung sollen Excel-Listen aber genügen.«[2]

Zu hoffen bleibt, dass uns der akute Digitalisierungsmangel hier kein Schnippchen schlägt.

Wenn wir von flexiblen Arbeitsbedingungen und flexiblen Arbeitszeiten sprechen, dann müssen wir auch von Flexibilität aufseiten der Arbeitgeber sprechen. Denn es stellt sich trotz ausgeklügelter elektronischer Arbeitszeiterfassung die Frage, wie viel Vertrauen Arbeitgeber ihren Mitarbeitern entgegenbringen und wie intensiv sie ihre Mitarbeiter kontrollieren wollen, wenn diese außerhalb der angestammten vier Bürowände ihrer Arbeit nachgehen. Damit sind wir an einem wichtigen Punkt der New-Work-Debatte. Es geht um Vertrauen und um Wertschätzung. Gemeint ist die Wertschätzung, die ein Mitarbeiter vonseiten seines Arbeitgebers erfährt. Der folgende Satz bringt die Sache auf den Punkt: »Wertschätzung im Unternehmen ist das, was du über den anderen denkst, wenn dieser nicht im Raum ist.« Und das gilt natürlich in besonderem Maße dann, wenn der Mitarbeiter nicht einmal vor Ort arbeitet und physisch abwesend ist. Wertschätzung setzt Vertrauen voraus. Und auf Vertrauen baut zeitgemäße Führung auf. Seinen Mitarbeitern zu vertrauen, bedeutet, ihnen etwas zuzutrauen. Bei dieser Art der Führung stehen Ergebnis und Eigenverantwortung im Fokus der Mitarbeiterbetrachtung durch den Arbeitgeber. Der erste Vertrauensimpuls muss dabei stets von der Arbeitgeberseite, sprich von der Führungskraft ausgehen. Erst dann kann das Vertrauen stufenweise wachsen und die Beziehung zwischen Führungskraft und Mitarbeiter eine positive Entwicklung nehmen. Echte Wertschätzung geht dabei immer über die Anerkennung von Leistung in Form von Lob, monetären Anreizen oder bestimmten Privilegien hinaus. Sie erfasst den ganzen Menschen in seiner komplexen Persönlichkeit, mit all seiner Individualität – und auch mit seinen nicht immer perfekten Eigenschaften.

Etliche wissenschaftliche Studien der letzten Jahre haben uns gezeigt, dass Wertschätzung und Vertrauen zu den Top-Motivationsfaktoren gehören; dicht gefolgt von spontaner Anerkennung. Das ist auch in Zeiten einer wachsenden digitalen New-Work-Arbeitswelt nicht anders. Allerdings nehmen diese Faktoren eine neue Dimension an. Mitarbeiter wertzuschätzen, kann zum Beispiel bedeuten, ihnen Freiräume zu lassen, wo und wann sie ihre Arbeit erledigen. Arbeiten Mitarbeiter von zu Hause aus oder von einem x-beliebigen Ort, dann muss der Arbeitgeber noch mehr Vertrauenskapital investieren. Darüber hinaus muss er sich entscheiden, ob er gleichzeitig die zusätzlichen Faktoren kontrollieren will, die sich durch »Fernarbeit« ergeben. Das hieße zum Beispiel, dass Arbeitgeber die Bildschirmzeiten ihrer Remote-Mitarbeiter mittels spezieller Apps erfassen müssten, die dann ihrerseits wiederum in irgendwelchen Kontrollzentren auszuwerten wären. Der Aufwand der Kontrolle ließe sich unendlich steigern. Dafür könnten dann eigens wieder digitale Tools entwickelt werden, mit denen sich kontrollieren ließe, ob der entfernt tätige Mitarbeiter auch tatsächlich seinen im Arbeitsvertrag festgeschriebenen Pflichten – zu Hause oder wo auch immer – nachkommt. Das erinnert mich doch fatal an die Mittel eines Überwachungsstaates; und spontan fällt mir dazu eine bekannte Redewendung ein, die wir dem russischen Diktator Lenin zu verdanken haben sollen: »Vertrauen ist gut, Kontrolle ist besser.« Brüderchen, ich würde die Reihenfolge der Worte drehen: »Kontrolle ist gut, Vertrauen ist besser.« Und ich plädiere zur Mäßigung: weniger Kontrolle, mehr Vertrauen. Denn sonst kann eine Vertrauenskultur erst gar nicht entstehen.

Gott sei Dank ist es nach deutschem Arbeitsrecht ohnehin so, dass ein Arbeitgeber sein Kontrollrecht nicht uneingeschränkt ausüben darf. Er hat die Persönlichkeitsrechte des Mitarbeiters sowie die Verhältnismäßigkeit der Kontrolle zu beachten. Grundsätzlich unzulässig ist die Totalüberwachung des Arbeitnehmers:

> »Darunter fallen etwa Maßnahmen wie das Auslesen der gesamten E-Mail-Kommunikation sowie ein heimliches Einschalten vorhandener Kameras oder Mikrofone. Auch die Überwachung sämtlicher Tastatureingaben per Keylogger [auch Tasten-Rekorder genannt] ist grundsätzlich verboten. [...]. Das gilt natürlich auch, wenn sich der Arbeitnehmer im *Homeoffice* befindet. Die Zulässigkeit von Kontrollmaßnahmen hängt immer von deren Art und dem Anlass ab, der überhaupt zur Kontrolle durch den Arbeitgeber motiviert.«[3]

Misstrauen allein reicht jedenfalls nicht aus, alle möglichen Kontrollregister zu ziehen. Außerdem sollte sich ein Arbeitgeber immer fragen, was ihn dazu veranlasst, misstrauisch zu werden, wenn er an einen bestimmten Mitarbeitenden denkt. Gibt es tatsächlich einen objektiven Auslöser dafür? Oder liegt dem Misstrauen gar kein konkretes Fehlverhalten des Mitarbeitenden zugrunde? Oder zweifelt der Arbeitgeber möglicherweise prinzipiell am Sinn von Homeoffice als einer möglichen Form von New Work?

Nehmen wir Elon Musk. Der CEO von Tesla, X und SpaceX will seine Mitarbeiter im Büro sehen. Punkt. Musk macht keinen Hehl daraus, dass er kein Freund von Homeoffice ist. Im Oktober 2023 fand er markige Worte gegen die Heimarbeit:

> »Menschen, die im Homeoffice arbeiten, seien ›abgekoppelt von der Realität‹, sagte Musk laut ›Business Insider‹ und ›The Verge‹ […]. Der Milliardär sprach sogar von ›Marie-Antoinette-Vibes‹, die er bei Heimarbeitern wahrnehme – und spielte auf die französische Königin zur Zeit der Französischen Revolution ab, der fälschlicherweise der Spruch ›Wenn sie kein Brot haben, sollen sie doch Kuchen essen‹ zugesprochen wird.«[4]

Markig kann auch Wolfgang Grupp, Chef von Trigema, reden: »Wenn einer zu Hause arbeiten kann, ist er unwichtig.«[5] Ein Satz wie ein Hammerschlag. Im Gegensatz zu Elon Musk ist Grupp ein Chef der alten Schule. Aber in diesem Punkt herrscht offenbar Einigkeit mit Musk, den ich lange Zeit für einen Chef der neuen Schule hielt. Wolfgang Grupp lebt diese Haltung vor. Der über 80-Jährige ist jeden Tag in seiner Firma. Vor Ort zu sein, heißt für ihn stets sofort agieren, sprich entscheiden zu können. Die unmittelbare Kontrolle scheint ihm besonders wichtig. Wenn New Work ein Megatrend ist, dann macht er ihn nicht mit, so wie er vieles in seinem Unternehmerleben nicht mitgemacht hat. Er produziert nicht in China oder Indien, sondern immer noch am Standort Deutschland. Er schreibt keine E-Mails, sondern erledigt Gespräche am Telefon. Für Trigema arbeiten 1200 Menschen in drei Werken in Baden-Württemberg. Für Musk arbeiten über 100 000 Mitarbeiter in drei Unternehmen, er kann gar nicht an jedem Ort gleichzeitig sein. Nicht ausgeschlossen ist, dass er davon träumt, eines Tages dafür eine technische Lösung zu finden.

Der Firmenpatriarch Wolfgang Grupp ist sicher auch ein schlauer Kopf. Denn mit seinen provokanten Aussagen etwa zum Homeoffice fällt er im Mainstream natürlich deutlich auf, und sein Unternehmen und seine Marke bleiben so im Gespräch:

> »Wolfgang Grupp hat zu allem eine Meinung. Sei es die moderne Arbeitswelt, die Rollenverteilung der Geschlechter oder der Krieg in der Ukraine. Das Portal T-Online bezeichnete ihn deswegen als ›Richard David Precht der Industrie‹.«[6]

Für die Mehrheit der Arbeitnehmer war die Corona-Krise ein willkommener Beschleuniger für New Work. Freilich war der plötzliche Digitalschub, der die neuen Arbeitsstrukturen auf den Plan rief, krisenbedingt. New-Work-Modelle wie Homeoffice, Collaboration, Remote Work, Desk-Sharing, Work-Life-Blending, aber auch die 4-Tage-Woche, wären ohne diese Krise wohl noch immer Zukunftsmusik. Endlich mal ein »Virus«, der sich in der computerisierten Welt positiv ausgewirkt hat.

Markierten im Industriezeitalter noch Überstunden und Präsenszeiten die Messlatte für Leistung, ist das jetzt schon beinahe Geschichte. Wir befinden uns zwar immer noch in einer Zeit des Übergangs, aber der Wandel ist grundlegend. Die Arbeit wandelt sich aktuell mit großen Schritten von der alten zur neuen Arbeit. Um das zu verstehen, müssen wir kurz zurückblicken und betrachten, was es mit Old Work auf sich hatte.

Noch in den vormodernen Agrargesellschaften des 19. Jahrhunderts trugen Männer und Frauen gleichermaßen zum Überleben ihrer Hofgemeinschaft bei. Hofgemeinschaften waren dorfähnliche Strukturen, die sich selbst versorgten. Dort, auf dem Land, war die Arbeit von Männern und Frauen gleich viel wert. Mit fortschreitender Industrialisierung wurden dann auch abseits der häuslichen Wohnstatt Arbeitsplätze geschaffen. In derselben Zeit begannen sich die Hofgemeinschaften aufzulösen. Die sogenannte Kleinfamilie entstand. Zunächst gingen sowohl Männer als auch Frauen einer außerhäuslichen Erwerbstätigkeit nach. Doch mehr und mehr übernahmen die Frauen auch die Hausarbeit, was einer typischen Doppelbelastung gleichkam. Dazu kam, dass sich sämtliche Entwicklungen – ob politisch, gesellschaftlich oder wirtschaftlich – nur noch auf jene Arbeit konzentrierten, die mit einem Einkommen verbunden war. Eine Arbeit ohne Einkommen war keine Arbeit. Wir sehen: Dieses alte Verständnis von Arbeit ist noch ziemlich jung – aber es ist bereits überholt und wandelt sich im Augenblick rasant:

> »Das Leben wird heute nicht mehr so stark in Arbeit und Freizeit unterteilt, sondern im Ganzen als die Summe aller Tätigkeiten betrachtet – ganz gleich, ob diese bezahlt sind oder ehrenamtlich geschehen, ob sie aus Interesse, Pflicht oder Freude verrichtet werden. [...] Insbesondere den jungen Generationen, der Generation Y und Generation Z, ist bewusst, dass das bislang Lebenssinn gebende Versprechen vom ewigen Wirtschaftswachstum nicht erfüllt werden kann, wenn dabei die Lebensgrundlage aller – der Planet Erde und dessen Ressourcen – zugrunde gewirtschaftet wird.«[7]

New Work verändert das alte Verständnis von Arbeit

Was New Work mit der alten Arbeit macht und wie New Work das macht, lässt sich anhand von drei Forcing Factors besonders gut aufzeigen: Digital Literacy, Work-Life-Blending und Sinn-Ökonomie.

Digital Literacy bedeutet übersetzt: digitale Kompetenz. Darunter versteht man die Fähigkeit einer Person, Informationen mittels Eingabe oder digitaler Medienplattformen zu finden, zu bewerten und zu kommunizieren. Dabei handelt es sich um eine Kombination sowohl technischer als auch kognitiver Fähigkeiten bei der Nutzung von Informations- und Kommunikationstechnologien zur Erstellung, Bewertung und Weitergabe von Informationen. Mehr zu diesem Thema werden wir noch im folgenden Kapitel »Neue Formen der Arbeit formen eine neue Kommunikation« erfahren. Zu den Tools gehören MS Teams, Zoom, Google Docs und mehr. Im Kern bedeutet Digital Literacy nicht allein die Beherrschung dieser digitalen Werkzeuge. Vor allem geht es um die Fähigkeit, Informationen richtig bewerten und entsprechend darauf reagieren zu können. Da wir zunehmend *remote* arbeiten werden, ist Digital Literacy die Zukunftskompetenz. Die Grundsteine dazu müssen in unseren Schulen gelegt werden.

Work-Life-Blending ist ein New-Work-Arbeitsstil, der für ein räumlich und zeitlich selbstbestimmtes Arbeiten steht. Dieser Arbeitsstil kann zu einer Entgrenzung der Arbeitszeiten führen und verlangt daher Disziplin und Achtsamkeit. Mitarbeiter sollten lernen, Arbeit und Leben nicht permanent zu vermischen, sondern beides bewusst voneinander zu trennen. Gerade in Zeiten der Pandemie ließen sich Work und Life aber oft nur schwer auseinanderhalten, weil beides häufig zur gleichen Zeit im eigenen Zuhause stattfand beziehungsweise aufgrund des Lockdowns stattfinden musste. Wichtig ist, sich immer wieder selbst zu beobachten und darauf zu achten, ob man diese Trennung zwischen Arbeitszeit und Freizeit einhält oder sich schon morgens dabei erwischt, wie man auf seinem privaten Handy die E-Mails checkt oder zwischen Dusche und Kaffee von zu Hause die ersten geschäftlichen Anrufe erledigt. Auch wenn die Digitalisierung das Arbeiten außerhalb der Firma und abseits fester Arbeitszeiten möglich macht, ist zu bedenken, dass eine Entgrenzung der Arbeitszeit durch Dauererreichbarkeit und ausgedehntes Arbeiten bis in den späten Abend oder am Wochenende auf Dauer der eigenen Gesundheit schadet. Körper und Geist brauchen echte Erholungszeiten. Feierabend. Hier heißt es wörtlich: abschalten!

Sinn-Ökonomie steht für eine Entwicklung, bei der das Wachstumsdenken und die Profitmaximierung ihre Bedeutung verlieren, in den Hintergrund treten und sozialem Mehrwert, Nachhaltigkeit, einer erfüllten Mitarbeiterschaft und dem gesellschaftlichen Fortschritt Platz machen. Man könnte auch sagen: Sinn-Ökonomie bedeutet sinnvolles Wirtschaften und Arbeiten. Immer mehr Menschen hinterfragen die kapitalistischen Ideologien und den Wachstumszwang. Forciert durch Krisen besinnen sie sich auf das Wesentliche, sich auf das Sinnvolle zu fokussieren. Mitarbeiter, die keinen Sinn in ihrer Arbeit sehen, kündigen. Sinn, der heutzutage oftmals auch als *Purpose* bezeichnet wird, rückt das Warum ins Zentrum aller Aktivitäten eines Unternehmens, aber auch in den Mittelpunkt der Entscheidungen von Arbeitnehmern. Warum gibt es uns als Unternehmen? Haben wir eine Existenzberechtigung?

An diesem Punkt muss ich kurz zu einem einfachen, aber überzeugenden Modell kommen, das wir uns näher ansehen sollten – obwohl ich davon ausgehe, dass vielen von Ihnen dieses Modell nicht ganz unbekannt ist: der goldene Zirkel. Für alle, die es nicht wissen: The Golden Circle appelliert an das limbische System, also an jenen Bereich des Gehirns, in dem die emotionalen Bedürfnisse verarbeitet werden. Menschen kaufen nicht, was du tust – sie kaufen, warum du es tust. – »People don't buy what you do. They buy why you do it.«[8] So formuliert es Simon Sinek.

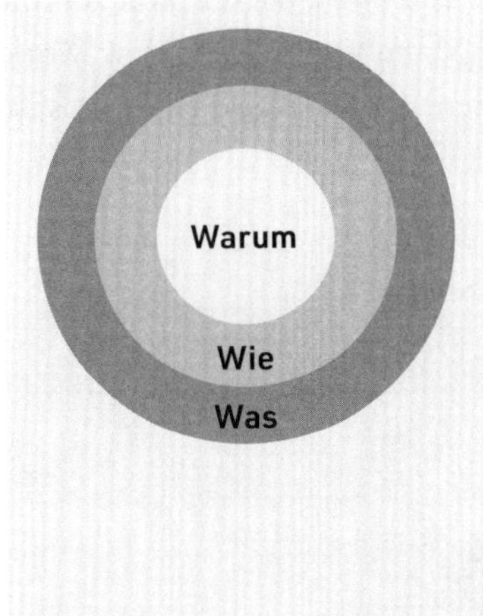

Warum = der Purpose
Welches ist Ihr Beweggrund?
Woran glauben Sie?
Apple: We believe in challenging the status quo and doing this differently.

Wie = der Prozess
Spezifische Aktionen, um das Warum zu erreichen.
Apple: Our products are beautifully designed and easy to use.

Was = das Ergebnis
Was machen Sie? Das Ergebnis des Warum. Der Beweis.
Apple: We make computers.

Abb. 7: Die Sinnfrage steht im Mittelpunkt: Das Golden-Circle-Modell nach Simon Sinek

Mit drei simplen Fragen hat Sinek das Denken über Führung in den Unternehmen neu geprägt. Erfolgreiche Organisationen starten mit dem Warum, dann beantworten sie das Wie, um abschließend auf das Was zu kommen. Die Sinnfrage steht im Mittelpunkt: Warum verkaufen wir dieses oder jenes Produkt? Das fragt sich das Unternehmen. Warum arbeite ich bei diesem oder jenem Unternehmen? Das fragen sich die Mitarbeitenden. Sie stellen die Sinn-Frage. Sinn bedeutet Emotion, und Emotion führt zu Handlungsmotivation.

Ja, das war ganz sicher ein Ausflug ins Marketing. Er hat uns aber nur scheinbar von *New Work* weggeführt. Denn »machen Sie sich bitte eines klar: Von der Frage *Warum* hängen die Kaufentscheidungen der allermeisten Kunden ab. Die Menschen haben vor allem emotionale Bedürfnisse. Sie wollen wissen, warum Ihre Produkte oder Ihre Dienstleistung in der Welt sind. Als Unternehmer sind Sie gut beraten, wenn Sie eine clevere Antwort darauf haben.«[9] Das gilt auch für die Frage potenzieller Mitarbeiter: »Warum soll ich in diesem Unternehmen arbeiten? Steht hier die Sinn-Ökonomie im Mittelpunkt? Gut. Wenn nicht, kommt diese Firma für mich nicht in Frage.«

Am Ende dieses Kapitels lautet mein Fazit: 200 Jahre nach Maria Teresia ist New Work ein Megatrend. Aber Achtung: Manchmal ist mit New Work auch die Illusion der totalen Freiheit verbunden, von smart und easy. Das ist ein Mythos.

WIR KOMMUNIZIEREN MIT DER ZUKUNFT UND NEHMEN MIT!

Fünf Take-aways, die auf dem Weg zu New Work Orientierung geben:

- New Work bedeutet nicht die Abschaffung der Arbeit, sondern ist gleichbedeutend mit neuen Arbeitsformen – für mehr Flexibilität, mehr Effizienz, mehr Freiraum.
- Achtung: Oftmals wird New Work mit »totaler Arbeitsfreiheit« verbunden. Das ist eine völlige Fehleinschätzung.
- Machen Sie sich als Führungskraft immer wieder bewusst: Die Basis für New Work ist Vertrauen, Vertrauen, Vertrauen.
- Erkennen und akzeptieren Sie die Grenzen von New Work. Verhindern Sie die Entgrenzung der Arbeit Ihrer Mitarbeiter ins Privatleben. Feierabend heißt abschalten.
- Informieren Sie sich auch über Remote Work beziehungsweise Homeoffice im Ausland. Ziehen Sie einen Steuer- oder Sozialversicherungsberater hinzu: Längst nicht überall ist deutsches Recht anwendbar.

NEUE FORMEN DER ARBEIT FORMEN EINE NEUE KOMMUNIKATION

Wo die Digitalisierung bereits stattgefunden hat, hat sie traditionelle Arbeitszeitkonzepte grundlegend verändert. Aber nicht nur. Auch die Kommunikation hat neue Formen angenommen. Wenn wir über New Work sprechen, dann reden wir also längst nicht nur von Homeoffice versus Präsenzpflicht im Büro. Es dreht sich nicht alles allein um die Frage, ob wir besser On-Office oder Off-Office arbeiten. Heutzutage geht es auch darum, dass man sich im Remote-Modus von herkömmlicher und teils liebgewonnener Arbeitsplatzkommunikation verabschieden muss – etwa vom Plausch mit den Kollegen am Kaffeeautomat oder am Kopierer oder bei einer Zigarette auf dem Balkon. Diese Art der informellen Kommunikation kennt man wahrscheinlich schon so lange, wie das Büro als Ort der Arbeit und Zusammenarbeit existiert. Von Mitarbeitenden geschätzt, wird sie auch von Führungskräften meist toleriert und ist oft sogar ganz gerne gesehen. Denn der informelle Austausch unter Arbeitskolleginnen und Arbeitskollegen in der Kaffeeküche oder auf dem Büroflur fördert im Idealfall das Wir-Gefühl und den Teamspirit. Allerdings soll es auch schon vorgekommen sein, dass an diesen unschuldigen Orten bei diesen harmlosen Gelegenheiten Palastrevolutionen angezettelt wurden. Aber denken wir lieber positiv und vor allem daran, was uns fehlt, da wir durch die Arbeit Off-Office ja auf den liebgewonnenen Flurfunk verzichten müssen. Aber in Wirklichkeit ist das auch nicht so tragisch. Denn wer von zu Hause arbeitet, gewinnt auch neue Kommunikationsformen und -möglichkeiten hinzu oder kann solche, die im Büro nur in Augenblicken möglich sind, in denen man sich absolut unbeobachtet fühlt, nutzen. Private Telefongespräche etwa lassen sich wunderbar dort führen, wo man sowieso schon privat ist:

> »Im Homeoffice ist viel mehr Ruhe als im wuseligen Großraumbüro – endlich Zeit, mal bei Mutti durchzurufen! Strenggenommen zählen allerdings noch nicht einmal private Gespräche mit Kollegen und Kolleginnen zur Arbeitszeit. ‚Gibt es hierzu keine Regelung im Arbeitsvertrag oder in einer anderen betrieblichen Vereinbarung, müssen Mitarbeitende davon ausgehen, dass privates Plaudern generell verboten ist, schreibt [*Finanztest* beziehungsweise *Stiftung Warentest* in einem Artikel aus Juni 2023]. Ganz so eng sehen es aber wohl die wenigsten Vorgesetzten, schließlich dient ein bisschen persönlicher Austausch auch dem Betriebsklima.«[1]

Wie ich schon anmerkte: Private Kommunikation geht insoweit in Ordnung, wenn sie unter Kollegen geführt wird, weil sie das Wir-Gefühl stärken kann. Deshalb werden Small Talks in der Regel toleriert.

Raum für Kommunikation und Kreativität

Die Orientierung scheint klar: Stellt man das Menschsein auch im Arbeitsumfeld in den Mittelpunkt, müssen Mitarbeiter ebenso menschenorientiert arbeiten können. Dabei geht es heutzutage vor allem darum, sich im Office – also am traditionellen Arbeitsplatz – von herkömmlichen Arbeitsweisen, gängigen Arbeitsmitteln und von bekannten Arbeitsplatz-Architekturen zu lösen. Stichwort: Arbeitsplatz-Neugestaltung. Trotz oder gerade aufgrund der digitalen Vernetzung besteht in modernen Büros ein erhöhter Raumbedarf an flexibler, schneller und persönlicher Kommunikation von Mensch zu Mensch. Dabei stehen kleinere Mitarbeiter-Einheiten, sogenannte Work-Spaces, die im direkten sozialen Miteinander menschenorientiertes (kommunikatives) Arbeiten ermöglichen, im Mittelpunkt. Der Begriff der Ergonomie bekommt damit eine ganz neue Bedeutung. Denn ein menschenorientierter Arbeitsplatz ist mehr als ein menschengerechter Arbeitsplatz, der sich vor allem an der menschlichen Physis orientiert. Menschen aber müssen kooperieren und interagieren und regelmäßig auch persönlich mit anderen Menschen zusammenkommen und sich austauschen können. Sie müssen kooperieren und interagieren und regelmäßig auch persönlich mit anderen Menschen zusammenkommen und sich austauschen können. Sie müssen kommunizieren können! Kommunikation ist ein gruppenbildendes und gruppenstärkendes Verhalten und unerlässlich für gruppendynamische Prozesse. Soziologen sprechen immer dann von einer Gruppe, wenn mindestens drei Personen in unmittelbarer und gegenseitiger Beziehung zueinanderstehen und miteinander agieren. Einfach gesagt, haben wir es mit einer Gruppe zu tun, wenn die Personen dieser Gruppe sich als zusammengehörig empfinden und sich nach außen durch bestimmte Merkmale oder Verhaltensweisen abgrenzen. Menschen sind intuitiv bestrebt, positive und langfristige Beziehungen mit anderen Menschen aufzubauen. Das gilt ganz eindeutig auch am Arbeitsplatz und ist höchst relevant für das Wir-Gefühl. Sich gegenüberzustehen oder -zusitzen, sich anzusehen, dem anderen Menschen zuzusehen – also direkt und unmittelbar zu kommunizieren –, ist für das Gefühl der Gruppenzugehörigkeit enorm wichtig:

> »Büros erleichtern die soziale Interaktion zwischen Menschen und ermöglichen es, Netzwerke aufzubauen, gemeinsam zu arbeiten und zu lernen, Vertrauen zueinander zu entwickeln, Ideen auszutauschen und eine Kultur der Gemeinschaft zu formen. Sozialpsychologen sprechen von Propinquity- oder Nähe-Effekt. Der folgt einer einfachen Logik: Sobald sich Menschen physisch im selben Raum aufhalten, nehmen die Möglichkeiten sozialer Interaktionen zu – und damit auch deren Effekte. [...] Wer im Büro über Stunden auf einen Bildschirm starrt, scheint an seiner Umgebung vielleicht nicht allzu viel Anteil zu nehmen. Und doch bekommt man unwillkürlich mit, was sich um einen herum tut – schlicht, indem man da ist, Unterhaltungen mithört oder kurzen Blickkontakt zu vorrübergehenden Kollegen aufbaut. [...] Vieles spricht dafür, dass die [...] Verlagerung ins Home-Office nur deshalb so erfolgreich war, weil die nötigen sozialen Kontakte bereits früher, vor Covid-19, im Büro geknüpft worden waren.«[2]

Der Knackpunkt besteht eindeutig darin, eine Balance zwischen der Arbeit im Homeoffice und der gemeinschaftlichen Arbeit mit den Kollegen im guten alten Büro zu finden.

Neue Herausforderungen für Führungskräfte

Wie das weiter oben vorgestellte Beispiel anhand von Privatgesprächen zeigt, verlangen Homeoffice und hybride Arbeitsformen den Mitarbeitenden einiges mehr an Selbstmanagement und Disziplin ab. Aber auch leitende Kräfte sehen sich in puncto Führung und Kommunikation vor ganz neue Herausforderungen gestellt. Oder soll ich besser sagen, vor allem in puncto Kommunikation? Wenn alle Mitarbeitenden im Büro sind, also dort, wo sich die Führungskraft auch überwiegend aufhält, ist eine 1:1-Kommunikation und damit eine 1:1-Führung viel leichter als über sämtliche digitale Telekommunikationsmittel dieser Welt. Dies gilt vor allem im Hinblick auf das Performancemanagement. Nur unmittelbar, also von Mensch zu Mensch, kann eine Führungskraft mit positivem Feedback und spontaner Anerkennung die stärkste Wirkung erzielen. Ebenso kann sie kritisches Feedback deutlich leichter vermitteln. Auch schwierige Gespräche lassen sich viel besser persönlich führen. Grundsätzlich können Führungskräfte ihre Mitarbeitenden, die sie stets in ihrer nächsten Umgebung wissen, viel leichter in ihrer Entwicklung begleiten und unterstützen.

Die direkte Kommunikation, das persönliche Gespräch ist durch nichts zu ersetzen. Beides wirkt sich ebenso positiv auf das Beziehungsmanagement aus. Persönliche Bindung lässt sich Face-to-Face viel leichter aufbauen beziehungsweise aufrechterhalten. Für die Führungsperson ist es ebenso viel einfacher, individuelle Herausforderungen zu erkennen oder Belastungssituationen aufseiten des Mitarbeitenden wahrzunehmen. Darüber hinaus kann sie individuelle Arbeitspräferenzen leichter an den Mitarbeitenden vermitteln. All das ist für die leitende Person weit schwieriger zu bewerkstelligen, wenn der Mitarbeiter im Homeoffice seiner Arbeit nachgeht. Sicher ist, dass Führungskräfte trotzdem weiterhin ihrer Rolle als Moderator zwischen den Mitarbeitenden und ihren Wünschen auf der einen Seite und den Unternehmensinteressen auf der anderen Seite nachkommen müssen – und hier aufgefordert sind, in beide Richtungen klare Botschaften zu kommunizieren. Denn Führung ohne klare Kommunikation geht nicht. Und Führung auf Distanz aufgrund standortunabhängiger Arbeitsformen ist noch schwieriger. Doch keine Bange, Rettung naht. Längst macht sich ein neuer Begriff breit: Remote Leadership. Na, bitte, geht doch. Klingt jedenfalls schon mal vielversprechend. Remote Leadership bedeutet zunächst einmal nichts anderes als die virtuelle Begleitung und Koordination von Teams, mithilfe technisch-digitaler Kommunikation. Diese Art von digitalem Leadership auf Distanz soll Führungskräfte in die Lage versetzen, die positive Lenkung der Mitarbeiter, ihres Verhaltens und ihrer Motivation aus der Ferne möglich zu machen, und gleichzeitig die definierten Unternehmensziele und Visionen im Blick zu behalten und danach zu agieren. Schön und gut. Das funktioniert aber nur, wenn der Mut zum digitalen Leadership bei der Führungskraft auch ausreichend ausgeprägt ist. Sonst bleibt Remote-Leadership ein zahnloser Tiger.

Die Initiative Gesundheit und Arbeit hat im Jahr 2020 in enger Kooperation mit dem Stuttgarter Fraunhofer-Institut für Arbeitswirtschaft und Organisation ein Konzeptpapier zum Thema »Führung über Distanz«[3] erarbeitet und im Rahmen eines Online-Seminars veröffentlicht, in dem sie unter anderem auch auf Effekte eingeht, die aus der Kommunikation auf Distanz – also mit virtuellen Teams – entstehen können. Die Ergebnisse können Sie detailliert auf deren Website (iga-info.de) nachlesen.

Machen wir uns nichts vor: Wer aus der Distanz führt, wird Abstriche bei der Kommunikation machen müssen. Wer Abstriche bei der Kommunikation machen muss, muss auch Abstriche bei der Führung hinnehmen. Meine persönliche Haltung dazu? Um möglichst führungsoptimal kommunizieren zu können, empfehle ich: So viel On-Office wie nötig, so viel Off-Office wie möglich. Denn das Arbeitsrad lässt sich nicht zurückdrehen. Ein Zurück ins Büro wird es nicht mehr geben. Außerdem bedeutet New Work mehr als Homeoffice. Das sollten sich alle Beteiligten immer wieder verdeutlichen. New Work heißt vor allem, dass Mitarbeitende mehr Sinnhaftigkeit in ihrer Tätigkeit erfahren sowie mehr Selbstbestimmung, Einfluss und Kompetenz erleben. Kurz gesagt: New Work ist für die allermeisten Mitarbeitermenschen psychologisches Empowerment – und damit positiv besetzt.

Nicht verhandelbar: Face-to-Face-Verhandlungen

In der Kommunikation unterscheiden wir rund zwei Dutzend Gesprächsformen. Darunter ist die Verhandlung eine der bekanntesten Unterformen. Sie zählt zu den Mitteln der gezielten Gesprächsführung. Es geht dabei um eine strategische Diskussion, die darauf abzielt, ein Problem so zu lösen, dass das Ergebnis von beiden Parteien akzeptiert werden kann. Verhandlungen im Geschäftsleben sind obligatorisch und finden inzwischen vielerorts auch virtuell statt, also über eine mehr oder weniger große Distanz.

Dass Verhandlungen besser gelingen, wenn sie von Angesicht zu Angesicht stattfinden, zu diesem Ergebnis kommt eine Studie der Universitäten Hohenheim und Potsdam, die im Herbst 2022 in Zusammenarbeit mit der Deutschen Gesellschaft für Verhandlungsforschung durchgeführt wurde.[4] Dabei gaben 400 Befragte an, wie sich Homeoffice auf ihre Geschäftsverhandlungen auswirke. Die Zahlen machen deutlich, dass die Verhandlungsperformance im Homeoffice sinkt: Bei der Arbeit von zu Hause hatten nur 61 Prozent das Gefühl, die definierten Verhandlungsziele erreicht zu haben. Vor Corona waren es noch 10 Prozent mehr. Die Befragten waren sich einig, dass die Koordination von Arbeit und Familie im Homeoffice die Verhandlungen erschwere. Außerdem gaben sie an, dass es ihnen an Ratschlägen und Tipps von Teammitgliedern oder auch von Führungskräften fehle, die sie zwischendurch noch einmal an ihre Verhandlungsziele erinnerten. Über das Thema Verhandlungen hinaus scheint die Geschäftsbeziehung zu den Geschäftspartnern vom Homeoffice aus grundsätzlich zu leiden: 63 Prozent der Teilnehmenden gaben an, dass die Beziehung zu ihren externen Businesspartner schwächer sei, seit sie *remote* arbeiteten. 71 Prozent von ihnen empfinden zudem, dass die räumliche Distanz auch eine größere Beziehungsdistanz zu ihren Verhandlungspartnern bewirke. Das Forscherteam machte aber auch deutlich, dass sich die Nachteile beim Verhandeln aus dem Homeoffice verringern ließen:

> »›So lässt es sich bereits durch simples Screensharing leichter über die abgegebenen Angebote und Konzessionsschritte sprechen‹, sagt Joana Roth [Lehrstuhl für Marketing & Business Development der *Universität Hohenheim*]. Arbeitgeber könnten die Verhandelnden bei-

spielsweise durch Kompetenztrainings zur Nutzung digitaler Medien entsprechend schulen. Organisationen könnten zudem einen Verhaltenskodex für digitale Verhandlungen festlegen. ›Dadurch können Unternehmen vor allem möglichen Unsicherheiten begegnen – etwa, was passiert, wenn Zoom ausfällt oder das Kind früher aus der Schule kommt und in die Verhandlung platzt‹, erklärt Jacqueline Sube [Lehrstuhl für Marketing der *Universität Potsdam*]. Und auch im digitalen Raum sei sozialer Austausch möglich: ›Indem man Erfolge digital im Team feiert, lässt sich die Motivation der Mitarbeitenden steigern‹, so Joana Roth. Dieser motivierende Faktor könne auch im Homeoffice genutzt werden, etwa indem auch digital auf einen erfolgreichen Verhandlungsabschluss angestoßen wird.«[5]

New Work Communication – so klappt's *nicht* mit den Kollegen

Wir kommunizieren ständig und immerzu. Auch am Arbeitsplatz. Denn wir sind Menschen und können nicht nicht kommunizieren. Diesen Leitgedanken prägte der österreichische Kommunikationswissenschaftler Paul Watzlawick. Doch in diesem Satz steckt mehr, als man auf den ersten Blick erkennt. Watzlawick will uns sagen, dass Kommunikation weit über den Austausch von Informationen hinausgeht. Sein Statement hat freilich auch Gültigkeit für die Kommunikation am Arbeitsplatz. Wie überall im Leben formt sie auch dort Beziehungen, beeinflusst Handlungen und trägt im Idealfall zur Schaffung einer positiven Arbeitsatmosphäre bei. Aber was passiert, wenn zwei an einem Projekt, aber an unterschiedlichen Orten arbeiten? Wenn sich die Kollegin mit dem Kollegen nicht ein Büro teilt? Wenn der Kollege oder die Kollegin nicht eine Tür weiter arbeitet – zeitweise nicht einmal im selben Haus?

Auf jeden Fall kann es zu dummen Missverständnissen in der Kommunikation kommen. Das beginnt möglicherweise schon in dem Moment, da der Kollege das Büro verlässt, mit der Absicht, den Rest des Tages im Homeoffice zu arbeiten. Folgendes ist Konrad Fischer, Ressortleiter Unternehmen und Technologie bei der *WirtschaftsWoche*, widerfahren; er berichtet uns von seinen Erfahrungen:

»Als ich letztens gegen 15 Uhr das Büro verließ, da rief [die Kollegin] mir hinterher: ›Viel Spaß in der Sonne!‹ Und es stimmte ja auch: Ich bin danach zur Kita gefahren, auf dem Rad. Die

> Sonne schien mir ins Gesicht. Dann bin ich an den Fluss, die Sonne strahlte. Schließlich auf den Spielplatz, die Sonne wurde langsam schwächer. Und als die Sonne nicht mehr schien, habe ich mich dann an den Rechner gesetzt und ihn um kurz vor 22 Uhr heruntergefahren. [...] ›Viel Spaß in der Sonne!‹ – Jeder, der ab und zu vom heimischen Schreibtisch arbeitet, kennt solche kleinen, vermeintlich harmlosen Sätze. Doch sie stehen für ein grundsätzliches Problem der neuen flexiblen Arbeitswelt: die Kommunikation mit Kollegen und Vorgesetzten. [...] Ich möchte behaupten: Das liegt nicht nur an ihnen selbst. Sondern auch daran, wie die im Büro bleibenden Kollegen mit ihnen umgehen. Sätze wie der Sonnengruß am Nachmittag machen aus der konzentrierten Heimarbeit eine Stresssituation. [Ein anderer Satz mit Subtext ist dieser, den man als »Heimwerker« nach dem Telefonklingeln von den Kollegen im Büro gerne zu hören bekommt:] ›Ich hoffe, ich störe dich jetzt nicht ...‹ Sie implizieren damit die Annahme, dass man im Homeoffice eigentlich gerade die Wäsche macht oder den Rasen mäht. [Und noch ein letzter Satz aus dieser Schublade:] ›Du warst ja nicht da gestern, deshalb haben wir das schon mal so beschlossen ...‹ Oft aber stelle ich, wenn ich am nächsten Tag aus dem Homeoffice zurück im Büro bin, fest, dass Dinge einfach entschieden worden sind, bei denen man mich sonst zweifelsohne zu Rate gezogen hätte.«[6]

Ich erinnere hier kurz an meine Ausführung zum Thema Wertschätzung am Anfang dieses Kapitels. Da ging es um die Wertschätzung, die ein Mitarbeiter vonseiten seines Arbeitgebers erfährt. Der folgende Satz gilt aber genauso für die Wertschätzung unter Kollegen: »Wertschätzung im Unternehmen ist das, was du über den anderen denkst, wenn dieser nicht im Raum ist.« Und das kommt bekanntlich dank Homeoffice heutzutage sehr oft vor. Gestatten Sie mir daher bitte einen Merksatz: »Gehe mit jeden auch abwesenden Kollegen so um, als ob er dir im Büro gegenübersäße.« Diesen Satz können Sie sich an den Spiegel stecken oder hinter die Ohren schreiben. Mehr über Wertschätzung und andere Gefühlshaltungen in Zeiten von New Work, lesen Sie im nächsten Kapitel »Wie viel Sympathie muss man für Empathie haben?«.

WIR KOMMUNIZIEREN MIT DER ZUKUNFT UND NEHMEN MIT!

Fünf Take-aways, die auf dem Weg zu New Work Orientierung geben:

- Nehmen Sie die Leistung Ihrer Mitarbeiter und Ihres Teams auch digital bewusst wahr, und kommunizieren Sie Ihre Anerkennung und Begeisterung.
- Achten Sie im Videocall mehr auf die Stimmung Ihres Gegenübers. »Lesen« Sie sein Gesicht. Was sagt es über den mentalen Zustand Ihres Gesprächspartners aus?
- Unterschätzen Sie niemals die positive Wirkung von physischer Nähe für die soziale Interaktion. Machen Sie sich bewusst, dass dieser Effekt online komplett fehlt.
- Erinnern Sie sich immer wieder daran, dass Sie als Führungskraft auch ein Moderator sind. Ganz gleich, ob persönlich direkt oder digital agierend.
- Betrachten Sie Selbstverständliches nicht als selbstverständlich. Arbeitsplätze müssen nicht nur ergonomisch (menschengerecht) auf dem höchsten Stand sein, sondern vor allem menschenorientiert (kommunikativ). Denn Sie und Ihre Mitarbeiter verbringen sehr viel Lebenszeit am Arbeitsplatz.

WIE VIEL SYMPATHIE MUSS MAN FÜR EMPATHIE HABEN?

In diesem Kapitel dreht sich alles um Gefühle und um Haltungen. Nicht nur um Empathie, also um die Fähigkeit, sich in einen anderen Menschen hineinfühlen zu können. Gefühlt ist dieses Kapitel für mich das wichtigste im Kontext von New Work – aber ehrlich, es ist auch nicht weniger bedeutend im Kontext von Old Work. In diesem Kapitel werden Sie mich sehr emotional erleben. Scheinbar weniger strukturiert. Mehr gefühlsorientiert. Kurz gesagt so, wie die Gefühle kommen und gehen, die ja meist ein Eigenleben führen.

Als ich an diesem Buch schrieb, fiel mir eine aktuelle Studie auf, die besagte, dass mehr als die Hälfte der Befragten (59 Prozent) keine Arbeit annehmen würde, die ihre Work-Life-Balance stören könnte. Dieses Gefühl sei bei den 18- bis 34-Jährigen besonders ausgeprägt, hieß es, und nehme dann bei den über 45-Jährigen deutlich ab. Und das war nur eines der Ergebnisse dieser Studie. Die Rede ist vom »Workmonitor 2023«, der seit 2003 die Stimmungs- und Gefühlslage von Arbeitenden aus 34 Ländern zwischen 18 und 67 Jahren wiedergibt. Initiator und Auftraggeber der Studie ist der Personaldienstleister Randstad. In der Studie heißt es unter anderem: »Fast zwei Drittel der Erwerbstätigen findet, dass Arbeit in ihrem Leben zwar ›wichtig oder sehr wichtig‹ ist. Doch bestätigt auch jeder Dritte die Aussage ›Ich wäre lieber arbeitslos als unglücklich im Beruf‹.«[1] Ein noch größerer Anteil (45 Prozent) würde kündigen, wenn der Job sie daran hindern würde, ihr Leben zu genießen.

Genießen? Unglücklichsein? Wohlfühlen? In der Verbindung Arbeitgeber–Mitarbeiter spielen Gefühle oft eine größere Rolle, als sich mancher eingestehen möchte. Ich zitiere ein klassisches Beispiel aus der Welt des Fußballs. Ich denke, ein Fußball-Beispiel ist legitim, da das runde Leder längst nicht mehr nur Männer interessiert. Frage: Wann haben Sie je diesen Satz aus dem Munde eines Kollegen oder einer Kollegin gehört? »Ich würde wirklich alles geben für das Unternehmen.« Ich erinnere mich an ein Statement von David Alaba, österreichischer Nationalspieler und linker Verteidiger bei Real Madrid, nach dem Champions-League-Sieg 2022, als er im Interview sinngemäß sagte: »Für Carlo Ancelotti, für den willst du einfach arbeiten und jeden Tag das Beste geben, weil er einfach so ein toller Trainer ist.« Welcher Unternehmer kann von sich behaupten, dass seine Mitarbeiter für das Unternehmen oder auch für den Geschäftsführer alles täten? Ein weiteres Beispiel für eine »Liebeserklärung« an Carlo Ancelotti: Jude Bellingham wechselte 2023 von Borussia Dortmund ebenfalls zu Real Madrid und sagte nach wenigen Wochen in etwa: »Carlo Ancelotti macht mich von Tag zu Tag besser, weil er mich einfach dort einsetzt, wo meine Stärken sind, auf der richtigen Position. Ich fühle mich jetzt schon zehnmal wohler als zu BVB-Zeiten.« Fußballspieler sind Mitarbeiter. Der Trainer repräsentiert den Arbeitgeber, sprich den Verein. – Aber wie ist das in der Industrie? Wie kommuniziert zum Beispiel eine Mitarbeiterin eines Wirtschaftsunternehmens ihr Gefühlsinnerstes nach außen? Etwa so: Die Vorstandssekretärin eines Kunden aus der Schweiz, der mich erstmals für ein Coaching gebucht hatte, meldete sich bei mir und sagte am Telefon: »Herr Lipp, ich muss Ihnen noch sagen: Unsere Vorstände, unsere Manager, die sind mit allen Wassern gewaschen.« Wie bitte? Ich war doch einigermaßen perplex. Ich fragte mich: Wie kommt die Sekretärin des Vorstands dazu, mir zu sagen, dass das Management plus Geschäftsführung plus Vorstand mit allen Wassern gewaschen sei? Hat sie diese Erfahrung gemacht? Und warum gibt sie diese an mich weiter? Will sie mich warnen, weil sie über die Besagten nichts Gutes denkt? Ist das ihre Meinung, die sie auch noch ganz unverblümt nach außen trägt? Will sie, dass die Außenwelt negativ über ihren Arbeitgeber denkt? Will sie ihm schaden? Oder ist es eine Art von Rache, weil sie sich an ihrem Arbeitsplatz irgendwie ungerecht behandelt fühlt? Viele Fragezeichen. Ich bin dem nicht nachgegangen. Aber es hat mich lange beschäftigt und tut es noch. Übrigens: Die Vorstandssekretärin hätte auch ein Vorstandssekretär sein können. Glauben Sie bitte nicht, dass diese Art von Meinungstransfer ein typisch weibliches Thema sei. Die Dame hat sich offensichtlich nicht wohlgefühlt in ihrer Haut als Vorstandssekretärin – jedenfalls in diesem Unternehmen. Ganz sicher aber ist das Wohlfühlen am Arbeitsplatz eine verdammt wichtige Sache. Denn die subjektive Einschätzung und damit die Bewertung in diesem bestimmten Lebensbereich führt entweder zu einer positiven oder einer negativen Haltung gegenüber dem eigenen Arbeitgeber.

Fazit: Das Wohlfühlgefühl ist für Mitarbeiter das A und O. Aber es ist auch ebenso relevant für das Unternehmen selbst. Denn Mitarbeiter sind die Botschafter eines jeden Unternehmens. Welche Botschaft möchten Sie von Ihren Mitarbeitern verbreitet wissen? Ich denke, die Frage ist rhetorisch.

Und – liebe Führungskräfte, Vorstände, Topmanager – wenn Sie jetzt glauben, dass unglückliche oder frustrierte Mitarbeiter die Ausnahme seien, dann fahren Sie doch einfach einmal am frühen Morgen mit öffentlichen Verkehrsmitteln durch Ihre Stadt, sei es mit der S-Bahn, der U-Bahn oder mit einem Linien-Bus. Ich mache das regelmäßig, denn für mich ist das ein echtes Mentaltraining. Ich hoffe, das wird in Zukunft auch für Sie so sein. Beobachten Sie mal die Menschen. Sie werden in so viele frustrierte Gesichter sehen – alles Menschen, Mitarbeiter vielleicht auch Ihres Unternehmens, die zur Arbeit fahren. Wenn jemand so aussieht, weil er kurz davor ist, die nächsten acht Stunden seines Lebens an seinem Arbeitsplatz verbringen zu müssen, wenn er so aussieht, dann sieht es nicht gut aus, was die Begeisterung für Ihr Unternehmen betrifft, dem Sie vorstehen oder das Sie führen. Von Mitarbeitern, die nicht ansatzweise von ihrem Unternehmen begeistert sind, kann man nicht erwarten, dass sie ihren Job lieben und die entsprechende Performance abliefern.

Vielleicht liegt das ja auch an der mangelnden Wertschätzung, die man ihnen entgegenbringt? Das ist eine für mich erschreckende Erfahrung, die ich immer wieder mache. In zu wenigen deutschen Unternehmen wird Wertschätzung wirklich gelebt. Laut einer Forsa-Befragung für die *XING Job-Happiness-Studie* im Oktober 2022 »sind neben der Sinnhaftigkeit der eigenen Arbeit und der Identifikation mit dem Arbeitgeber vor allem ein entspanntes Arbeitsumfeld, faire Bezahlung und Wertschätzung die Treiber für die Zufriedenheit im Job.«[2] Wertschätzung wird zunehmend zum wichtigsten Faktor für Unternehmen und Führungskräfte, um Mitarbeiter langfristig zu binden.

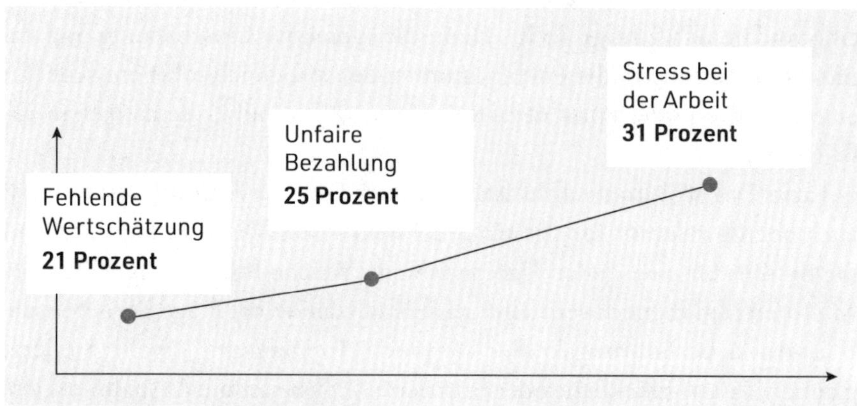

Abb. 8: Mangelnde Wertschätzung gehört zu den drei Top-Treibern für Mitarbeiterunzufriedenheit
Quelle: *Xing Job-Happiness-Studie 2022*[3]

Ein Beispiel für gelebte Wertschätzung gefällig? Sehr gerne! Ort: Wien, ein Unternehmen der Medizintechnik. Jeden Tag um elf Uhr, also eine Stunde vor Mittag, geht nicht die Praktikantin oder der Azubi durch die Büros und fragt, wer was zum Mittagessen bestellen möchte. Nein, das macht Frau Dr. Sowieso, die das Unternehmen leitet. Sie verlässt um Punkt 11 Uhr ihren Schreibtisch, geht durch die Etagen und notiert auf der Speisekarte eines Lieferservices, wer was zum Essen haben möchte. Sie nimmt die Bestellungen auf wie eine Kellnerin. Dafür ist sie sich nicht zu schade. Auf diese Weise »kommuniziert« sie mit den Menschen im Unternehmen auf Augenhöhe, hat mit jedem Einzelnen jeden Tag Kontakt und zeigt mit ihrer Haltung, dass sie Wertschätzung gegenüber den Mitarbeitern empfindet.

Die Frau Doktor steht für einen bestimmten Führungsstil. Walk to Talk oder anders genannt: Management by Walking Around. Was heißt das? Management by Walking Around ist ein Führungsstil, bei dem der direkte persönliche Kontakt zwischen der Unternehmensführung und den Mitarbeitern über sämtliche Hierarchie-Ebenen hinaus gepflegt wird. Ich sage übrigens lieber *Management by Walking Around* als *Walk to Talk*. Denn Walk to Talk ist leicht zu verwechseln mit Walk and Talk. Hinter der Methode Walk and Talk verbirgt sich nämlich nichts anderes als das, was die Bezeichnung aussagt: Gehen und Reden. Moderner formuliert kann man die Methode auch als Meeting unter freiem Himmel bezeichnen. Bereits im antiken Griechenland nutzte beispielsweise der Universalgelehrte Aristoteles diese Methode und etablierte seine Denkschule im Gehen.

Walk to Talk hingegen bedeutet, dass die Führungskraft auf den Mitarbeiter zugeht, den Kontakt aufnimmt. Indem sie täglich herumgeht (*walking around*), kommt sie mit den Menschen ins Gespräch. Das ist eine Methode, die übrigens auch der Trigema-Chef Wolfgang Grupp pflegt. Seine Mitarbeitenden sind für ihn seine Betriebsfamilie. Und so dreht er täglich seine Runde durch das Unternehmen und sucht das Gespräch, schenkt seinen Leuten Aufmerksamkeit und zeigt ihnen, dass er sie wertschätzt.

Management by Walking Around ist aber nicht die einzige Methode, die es möglich macht, dem Menschen sein Menschsein spüren zu lassen. Es bieten sich viele scheinbar auch banale Gelegenheiten, um Anlässe oder Kontaktpunkte zu schaffen, die uns am Arbeitsplatz darauf aufmerksam machen, den oder die anderen als Menschen zu sehen.

Ich will Ihnen eine Reihe von Beispielen aufzeigen, wie sich Beziehungskultur im Unternehmen leben lässt. Los geht's: Initiieren Sie beispielsweise einmal in der Woche ein Treffen auf dem Büroflur. Ein kurzes Get-together, und sei es nur, weil es eine Pizzaschnitte auf die Hand gibt oder ein Stück gute Schokolade für jeden. Einfach mal zehn Minuten lang zusammenstehen und einen kleinen Ratsch halten oder ein kurzes Gespräch führen. Absicht ist einzig und allein, die Menschen zusammenzubringen.

Oder installieren Sie irgendwo an einem zentralen Punkt im Unternehmen ein Whiteboard. Dort kann jeder von Montag bis Freitag eine Botschaft hinterlassen. Aber nichts Berufliches, bitte, nur private Inhalte sind erlaubt. Darauf kommt es an! Es geht um den Menschen hinter dem Mitarbeiter. Und was schreibt man so? »Suche Winterreifen«. Oder: »Papagei entflogen«. Oder: »Fußballkarten fürs Topspiel am Wochenende abzugeben«. Oder: »Wer kocht mit uns?« Das Whiteboard als Communication Hook. Jeden Montagmorgen wird es wieder abgewischt und kann anschließend wieder bis Freitag beschriftet werden: Suche. Biete. Tausche. Brauche Hilfe. Benötige dies oder das. Wichtig ist, dass nichts von dem mit dem Job zu tun hat. *That's the beef!*

Was wir noch tun können? Wir könnten außen an jeder Bürotür eine kleine Wolke oder eine kleine Wetterkarte kleben, selbsthaftend wie ein *Post-it*. Jeder Mitarbeiter hat drei, vier, fünf Symbole, von »Sonnenschein« bis »bewölkt«, von »Regen« bis »Gewitter« – wie auch immer. So kann der Mensch im Büro seinen Gefühlszustand symbolisieren und den anderen mitteilen. Und der Mensch draußen weiß sofort, ob der Mensch hinter der Tür gut gelaunt ist oder ob gerade ein Hagelschauer sein Gemüt frösteln lässt. Die Frage »Wie geht's?« wird obsolet. Das wäre schon mal ein Fortschritt, und es böte sich ein echter Anknüpfungspunkt, um ein Gespräch zu beginnen. Nur Mut. Es ist nie ein Fehler, Empathie zu zeigen: »Hey, ich habe die Wolke draußen gesehen. Wo drückt der Schuh?« So dachte auch schon Hermann Hesse und schrieb es auf: »Wenn wir einen Menschen glücklicher und heiterer machen können, so sollten wir es in jedem Fall tun, mag er uns darum bitten oder nicht.«[4] Der Empathie sollte unsere volle Sympathie gelten. *Empathy is the key.*

Apropos Schlüssel. Haben Sie schon einmal darüber nachgedacht, die Bürotüren ganz verschwinden zu lassen? Aushängen und dann ab damit in den Keller? Ich weiß, das ist eine sehr verwegene Idee, aber sie wurde schon umgesetzt. Ich war dabei. Erstaunt stellte man danach fest, dass ein Türrahmen bestens dafür geeignet ist, sich daran anzulehnen. So steht man da: Die eine Schulter gegen den Türrahmen, an der anderen der Arm mit der Hand, die die Kaffeetasse hält, und dazwischen der Kopf, der das kurze Gespräch im Vorbeigehen mit der Kollegin oder dem Kollegen sucht. Oder der auch den Chef anspricht, der gerade den Flur entlangkommt und der sich freut, dass man ihn grüßt und der gerne zurückgrüßt, weil er das Verschwinden der Türen höchstpersönlich veranlasst hat. – Sie denken vielleicht, dass sei ein Idealbild. Das gibt es in Wirklichkeit doch gar nicht. Und ich frage Sie: Wozu sind Idealbilder denn da? Sie sind dazu da, um sich an ihnen zu orientieren. Dieses Idealbild ist wie ein Unternehmensleitbild. Auch das Unternehmensleitbild formuliert einen Zielzustand. Es ist eine Erklärung, die eine Vision enthält. Das Leitbild soll uns Orientierung geben, handlungsleitend und motivierend sein. Es zielt und wirkt auf die Organisation als Ganzes und auf jeden einzelnen Mitarbeitenden. Und nun denken Sie bitte einmal darüber nach: Eine offene Tür sagt schon viel, eine Tür, die gar nicht vorhanden ist, noch viel mehr. Da müssen wir (wieder) hin. Und dazu brauchen wir Idealbilder. Hätten wir schon alles erreicht, gäbe es keine Ziele mehr, nichts wäre mehr zu verbessern. Ja, der Weg wird kein leichter sein.

Ein guter Freund, der in einem mittelgroßen Unternehmen arbeitet, liegt mir immer wieder in den Ohren: »Ich kriege täglich mindestens 50 E-Mails; die meisten von meinen Kollegen aus den Büros links und rechts von mir. Ich muss alle E-Mails durchschauen, muss antworten. Dabei könnte ich viele Dinge schon kurz auf dem Weg zur Kaffeeküche oder zurück besprechen. Das würde auch so manches Missverständnis ersparen, das oft aus versteckten Infos zwischen den geschriebenen Zeilen resultiert. Selbst, wenn da gar kein Subtext drin ist in der E-Mail.« Obwohl ich das von ihm schon kenne und er mir immer wieder die Ohren damit volljammert und sich beschwert, höre ich geduldig zu. Wofür ist ein Freund sonst da? Er muss vor allem zuhören können. Oder gemeinsam mit dem Freund schweigen. Auf jeden Fall wird deutlich, wie wichtig der persönliche Augenblick ist. Es heißt nicht umsonst: Augenblick. Und das gilt auch für die Begegnung und das Gespräch mit dem Büronachbarn, der einen Raum weiter sitzt. Achten Sie mal darauf.

Was heißt noch mal New Work? Doch auch agiles Arbeiten, oder? Schneller reagieren mit dem Ziel, kurze Entscheidungswege zu haben. Hand aufs Herz: Gibt es einen kürzeren Entscheidungsweg als zehn Schritte über den Büroflur? Der direkte Weg zum Kollegen oder zum Chef? Agiles Arbeiten soll die Art und Weise optimieren, wie Teams zusammenarbeiten und gemeinsam für die Kundschaft Mehrwert schaffen. Aber die Digitalisierung kann leider vieles auch komplizierter machen. Wo früher das Vier-Augen-Prinzip schnelle Entscheidungen möglich machte, lässt die Digitalisierung in manchen Unternehmen sogar eine neue Verwaltungs- und Bürokratisierungswelle entstehen. Ein Beispiel dafür: Der Geschäftsführer eines mittelständischen Unternehmens, aber mit immerhin über 40 Millionen Euro Jahresumsatz, rief mich an und wollte zehn meiner Bücher kaufen. Ich sage: »Passt, packe ich für Sie sicher in einen Karton, die Rechnung lege ich bei und bringe alles nächste Woche mit.« Sofort dämpfte er meinen Eifer. Freundlich, aber bestimmt, ließ er mich wissen, dass sie im Unternehmen jetzt durchdigitalisiert seien. Durchdigitalisiert. Alles nur noch schriftlich, aber digital. Und alles der Reihe nach. Erst einmal benötige er ein Angebot. Es sei eben auch alles digital strukturiert, auch die kleinsten Arbeitsprozesse. Mir blieb nicht verborgen, dass er richtig stolz darauf war. Ich sagte: »Kann ich gerne machen. Ist kein Thema«, und fragte ihn, ob ich die Bücher zusammen mit dem Angebot schon mal rausschicken soll? Nein, er würde zuerst das Angebot per E-Mail brauchen. Das würde er dann an den Einkauf zur Prüfung weiterleiten und die würden … Ab diesem Zeitpunkt gab ich auf, ihn verstehen zu wollen. Früher hätte er Wert darauf gelegt, dass ich ihm die Bücher persönlich übergebe. Die Rechnung hätte er in die Buchhaltung gegeben. Zwei Menschen, zwei Handgriffe. Fertig.

> »Wenn wir alles digitalisieren, was digitalisiert werden kann, wird das Nicht-Digitalisierbare immer wertvoller. Wir Menschen sind ohnehin schrecklich analog. Unsere Mitarbeiter sind zu 100 Prozent Menschen. Unsere Kunden sind zu 100 Prozent Menschen. Wir haben in vielen Ländern der EU einen relativen Gleichstand an technologischen Standards. Generell räumen wir der digitalen Technologie viel Platz ein. Die einzige Unterscheidungsmöglichkeit am Markt ist aber das analoge Verständnis unseres Menschseins, das ist unser Zukunftspotential. Digitalisierung ist viel weniger Technologie und viel mehr Kultur als oft vermutet. Das ist gut so. Das ist die Umkehr. Das ist der Weg hin zu den Soft Skills. – Analog ist das neue Bio.«[5]

Ich weise ausdrücklich darauf hin, dass diese Textpassage – obwohl entsprechend gekennzeichnet – ebenfalls ein Zitat ist. Und ich ziehe meinen Hut vor dem Kopf, der dahintersteckt. Er trifft genau meinen Nerv. Ich hätte es nicht anders oder nicht besser sagen können. Das will ich hier herausstellen und meine Wertschätzung damit ausdrücken.

Apropos Wertschätzung. Es gibt auch Situationen, in denen das Gegenteil von Wertschätzung zum Ausdruck kommen kann. Das nennt man dann Geringschätzung. Ob mit Absicht oder nicht, spielt dabei überhaupt keine Rolle. Ein Beispiel aus der Serie »Lipp ganz privat«. Mir sollte ein Postpaket zugestellt werden, aber ich war leider gerade irgendwo im Obstgarten in meiner Pflanzarbeit versunken. Ich hatte weder das Klingeln gehört noch den gelben Wagen wahrgenommen. An meinem Briefkasten klebte eine Paketabholkarte. So wie ich war, fuhr ich aus dem Garten kommend direkt in die nächste Marktgemeinde zum nächsten Postshop; ich fuhr sofort und wie ich war, weil das Paket schon länger überfällig war. Der Shop, der in einem Geschäft für Schreibwaren und Zeitungen untergebracht ist, war gut besucht. Ich reihte mich in die Warteschlange und übte mich in Geduld. Genau neben mir und neben den anderen Wartenden befand sich die Auslage mit den aktuellen Presseerzeugnissen. Sie kennen das: Man schaut immer auf die Titelseiten der Zeitungen und Magazine, um sich die Zeit zu vertreiben. Ich schaute also und entdeckte plötzlich mein Porträt auf der Titelseite eines Magazins, die mich ein paar Tage zuvor interviewt hatte, und dachte: ›Hoffentlich erkennt mich jetzt niemand, so schmuddelig wie ich gerade aussehe.‹ In diesem Augenblick ruft der Mann vom Postshop lauthals über die ganze Warteschlange hinweg: »Lipp, Lipp, super, super!« Dabei deutete er immerzu auf die Zeitung mit meinem Foto vorne drauf. Ich stand in der Schlange in meinem verschwitzten T-Shirt, trug meine Garten-Clogs, Erde unter den Fingernägeln, meine Frisur alles andere als gepflegt. Ich kam aus dem Garten und wollte ja eigentlich nur rasch mein Paket abholen. Da hörte ich ihn schon wieder: »Lipp, Lipp, super!« ›Halt doch die Klappe‹, dachte ich. Die vor mir Wartenden drehten sich zu mir um und starrten mich an. Ich wäre am liebsten im Boden versunken. Als ich dann endlich an der Reihe war, schauten mich erneut alle an. Genau das hatte ich vermeiden wollen. Und als ich dem Mann am Tresen die Paketabholkarte gab – wir kennen uns –, sah auch er mich an und sagte doch allen Ernstes: »Ihren Personalausweis, bitte!« Gut, im Nachhinein kann man sagen, zu Recht, passt. Ist sein Job. Aber in der Situation fand ich ihn respektlos. Für mich war er ein Wichtigtuer, der meine Werte mit Füßen getreten hatte. Er hatte sich einfach über meine Interessen hinweggesetzt oder sich nicht gefragt, ob ich von ihm oder den anderen Kunden in meiner Gartenkluft erkannt werden wollte. Ich fühlte mich im wahrsten Wortsinn bloßgestellt, obwohl ich natürlich in voller Gärtnermontur im Laden stand. Vielleicht war er auch einfach nur total naiv.

Wirklich! 100 Prozent aller Mitarbeiter sind Menschen

Wie gehen Mitarbeiterinnen und Mitarbeiter mit New Work um? Haben sie von heute auf morgen gedacht: So, jetzt lasse ich die alte Arbeit sausen und mache New Work? Und haben sie sich dann irgendwann gefragt, was New Work mit ihnen macht? Haben sie sich vielleicht auch gefragt, wie ihr Arbeitstag im New-Work-Look aussehen wird? Und haben sie sich gefragt, ob sie Gestaltungsspielräume haben, um sich darin – symbolisch – einzurichten? Ich glaube nicht. New Work ist das Thema, das erstmals während der Corona-Phase so richtig bei jedem auf dem Schreibtisch lag. Der Auslöser war das Homeoffice. Es war der Augenblick, in dem wir alle gemeinsam allein zu Hause saßen. Und das war für viele der Moment, von New Work zu sprechen. Nicht wenige von uns sind damals in ein Loch gefallen. Auch für mich fühlte es sich so an. Es fehlte uns die direkte Begegnung mit echten Menschen. Andere erlebten diesen Augenblick anders. Vielleicht wie die allererste Fahrt mit Führerschein im eigenen Auto. Das totale Freiheitsgefühl. Euphorie. Eine neue Zeit beginnt. Wieder andere wurden kreativ. Ich weiß von einer Pharmavertreterin, die es natürlich gewohnt war, von Montag bis Freitag unterwegs zu sein, um ihre Ärzteschaft aufzusuchen. Und plötzlich sollte sie zu Hause bleiben, Homeoffice machen. Was hat sie gemacht? Sie hat gezögert und überlegt: »Nein, ich möchte nicht auf meinen Außendienst verzichten, aber ich darf ja nicht raus.« Aber dann hat sie sich in der Früh schick gekleidet, hat ihr Make-up aufgelegt, hat Stiefel und Mantel angezogen, sich ins Auto gesetzt, ist einmal oder zweimal um die Siedlung herumgefahren, hat ihr Auto wieder in die Garage gestellt, ist ins Haus gegangen und hat Homeoffice gemacht. Jetzt fühlte sie sich besser. Ihr Tag hatte, wie auch alle anderen Tage, mit einer Autofahrt begonnen. Das brauchte sie einfach.

Eine andere Episode, die auch das Gestaltungspotenzial eines Menschen zeigt, der sich einer neuen Situation stellen muss, ist diese: Ein Redakteur einer großen deutschen Tageszeitung fuhr seit 27 Jahren immer mit öffentlichen Verkehrsmitteln, mit S-Bahn und U-Bahn, zur Arbeit. Plötzlich Homeoffice. Die Fahrt mit den Öffis fehlte ihm; mehr noch die Bahnhofs- und Zuggeräusche, die ihn jeden Tag seit 27 Jahren begleitet und mit denen sein

Tag begonnen hatten. Also hat er sich aus dem Netz einen Soundfile runtergeladen und hat dann, beim Homeoffice am Morgen, diese Bahnhofs- und Zuggeräusche eingespielt. Mit diesem Ritual war für ihn die Welt wieder in Ordnung. Der Mensch braucht wohltuende Routinen. Und manchmal sind vertraute Gefühle wichtiger als Logik.

Wie wichtig die gewohnte Umgebung für Menschen ist, macht das dritte und letzte Beispiel deutlich: eine Werbeagentur in Berlin. Ein Großraumbüro. Nach kurzer Zeit im Homeoffice für alle, meldeten sich die Mitarbeiter bei ihrer Chefin: »Wir vermissen echt das Großraumbüro. Die Atmo, die für uns jeden Tag so normal ist. Eben unser kreatives Umfeld; und auch die anderen Kolleginnen und Kollegen.« Und was sagte sich die Chefin? »Wenn meine Leute nicht ins Büro können, dann muss das Büro eben zu ihnen kommen.« Sie ließ einen Audiofile mit jenen Geräuschen produzieren, die für ein Großraumbüro typisch sind. Man hörte Stimmen und Schritte, um die akustische Grundstimmung zu erzeugen. Darauf mischten sich typische Einzelgeräusche, die das Ohr eindeutig einem Großraumbüro zuordnet. Einmal wurde zum Beispiel die Kaffeetasse abgesetzt, einmal klingelte der Paketbote, dann klingelte oder surrte ein Handy, dann macht es »Pling« und eine E-Mail oder eine WhatsApp kam rein. Dann hörte man ein Lachen oder Rufen oder Niesen. Dann ratterte ein Fax. Wenn überhaupt noch eines ratterte. – Die Chefin sendete jedem ihrer Leute den Audiofile nach Hause, und jeder konnte sich, wenn er mochte oder wollte, den Sound downloaden und sich seine gewohnte Arbeitsumgebung akustisch nach Hause holen. Offenbar wirkte das auf die Mitarbeiter wohltuend: ein vertrautes Stück Arbeit, das fehlte und das niemand vermisst hätte, wenn die »Verbannung« ins Homeoffice nicht stattgefunden hätte.

Was wir aus diesen drei Beispielen zum Thema New Work herauslesen können? Ganz einfach. Old Work ist New Work in einigen wesentlichen Punkten sogar überlegen. Die Digitalisierung, die konsequentes Arbeiten zu Hause erst möglich macht, macht noch lange nicht alle Menschen glücklich.

»Im Kommunikationszeitalter erleben wir paradoxerweise einen Mangel an zwischenmenschlicher Kommunikation. Wer fehlende Kommunikation durch die Digitalisierung kompensieren will, macht alles nur noch schlimmer. Unternehmen, die zukunftsfähig bleiben wollen, richten ihren Fokus nicht nur auf die Technik, sondern auf kommunikative Fähigkeiten, sie fördern Face-to-Face statt Facebook. Zwischen Bits, Bytes und Online sind wir oft genug allein. Irgendwann brauchen wir wieder mehr Gesichter, Stimmen und Persönlichkeiten. Wir brauchen etwas anderes, etwas Reales: greifbar, spürbar – oder eben nur Schweiß auf der Stirn. Wir müssen den Menschen in den Mittelpunkt stellen.«[6]

Die Mehrheit der älteren erwerbstätigen Generation, so meine Erfahrung, wäre froh, wenn sie dem Homeoffice den Rücken zuwenden und wieder ins Unternehmen zurückkehren könnte; einfach, weil das Büro ihr gewohntes Umfeld ist und das Homeoffice nicht ihrer gewohnten Arbeitsweise entspricht, die sie über Jahrzehnte nicht anders kannte. Sicher ist New Work nicht für die Generation Boomer gemacht, die den Arbeitsmarkt ohnehin über kurz oder mittellang verlassen wird. Es ist kein Geheimnis, wenn ich sage, dass die Boomer sich in den vergangenen Jahren nur sehr eingeschränkt mit der neugewonnenen Technik angefreundet haben. Andererseits kann ich aus Erfahrung sagen, dass es auch sehr viele Ausnahmen gibt; ich spreche von Kundinnen und Kunden, die ein paar Jährchen älter sind als ich und wie ich alle Register ziehen, wenn es um New Work geht.

Wie jede Generation haben die Boomer und die Golfer eigene Werte entwickelt. In einem Punkt sind sie sich aber mit der nächstjüngeren Generation (Y) weitgehend einig: Wenn sich zu Hause das Berufliche und das Private vermischt, haben sie ebenso gemischte Gefühle. Die jüngste Generation dagegen, die Gen Z, ist digital sozialisiert. Ihre Mitglieder werden daher auch Digital Natives genannt. Sie kennen kaum noch eine Trennung zwischen real und virtuell. Was ihre Werte betrifft, so ticken sie vollkommen anders als die Generation Y:

»Die Generation Z wünscht sich alles zur selben Zeit – fest eingeteilte Arbeitszeiten, unbefristete Verträge und einen gesicherten Arbeitsplatz. Privatleben und Beruf werden strikt voneinander getrennt; eine Überschneidung soll vermieden werden, entsprechend gering ist das sogenannte *Work-Life-Blending*.«[7]

Work-Life-Blending ist ganz eindeutig eine Nebenwirkung der Digitalisierung und bedeutet, dass die Grenzen zwischen Arbeitszeit und Freizeit verschwimmen. Arbeitsleben und Privatleben werden miteinander verknüpft. Das unterscheidet Work-Life-Blending von Work-Life-Balance. Beim »Balancieren« gibt es noch eine klare Trennung zwischen Arbeit und Freizeit. Jedenfalls bemüht man sich um ein ausgeglichenes Verhältnis beider Anteile am Leben. Ob Leben und Arbeit in der Praxis aber so funktionieren? Wenn während der Arbeit plötzlich eine private Sache erledigt werden muss, die dringlich erscheint, wird man wohl kaum damit bis nach dem Feierabend warten. Vor allem im Homeoffice oder irgendwo *remote*. Umgekehrt ist es genauso vorstellbar, dass man während der Freizeit berufliche Angelegenheiten erledigt. Letzteres ist doch immer eine Frage der Selbstorganisation, der Prioritäten und der persönlichen Einstellungen.

Kommando zurück und alle wieder ins Büro?

Nicht nur Kolleginnen und Kollegen vermissen den Kontakt zu ihresgleichen, auch Firmen beklagen zum Teil den fehlenden oder mangelnden Austausch mit ihren Mitarbeitern. Es geht ja nicht ausschließlich darum, dass die Arbeitsaufgaben bewältigt werden müssen. Führungskräfte möchten zum Beispiel ein neues Team aufbauen oder ein bestehendes entwickeln, was *remote* oder *online* um ein Vielfaches schwieriger ist.

Schöne neue Arbeitswelt? Sicher nicht für jeden. Diese Arbeitswelt ist gespalten, und viele fühlen sich benachteiligt. Von zu Hause aus arbeiten? Aber was macht dann bitte schön die Produktion? Die Produktion hat gar nicht die Möglichkeit, morgens einfach nicht wie immer um 7:00 Uhr anzutreten. Das Management, die Angestellten im Büro, können immerhin von zu Hause aus arbeiten, wenn sie wollen oder dürfen. Aber ist das gleichberechtigt? Ist das gerecht? Ist das fair, wenn die Produktion trotzdem in die Firma kommen muss? Diese Fragen höre ich immer häufiger bei sehr vielen Unternehmen.

Neben dieser faktischen Ungerechtigkeit, die vor allem Teile der Mitarbeitenden trifft, hat New Work, insbesondere Homeoffice, auch ganz praktische Nachteile für Unternehmen. Forciert durch die Corona-Krise und die Wanderung ins Homeoffice standen plötzlich viele Büros leer. Und der Effekt hält leider an: Büroflächen werden zu Brachflächen, weil die Büroarbeiter im Homeoffice ihrer Tätigkeit nachgehen. Gleichzeitig sinken die Büromieten, weil zu viel Leerstand herrscht. Das wiederum trifft diejenigen, deren Geschäftsmodell es ist, Büroflächen an Unternehmen zu vermieten. Aber es trifft auch die Unternehmen selbst, die ihre eigenen Flächen nur zu einem Preis vermarkten können, den der Mietmarkt zahlt. Und der ist in einer guten Verhandlungsposition, da das Angebot derzeit deutlich über der Nachfrage liegt. Und natürlich reden wir nicht nur über öde, weil leerstehende Büros, sondern auch über die verwaiste Arbeitseinrichtung, die Technik, die Infrastruktur. Alles ist ausgelegt auf eine Betriebsgröße, bei der man davon ausgeht, dass alle vor Ort sind und in der Firma arbeiten. Im letzten November war ich in Berlin in einem Hotel. Aus meinem Zimmer konnte ich gegenüber ein riesengroßes Bürogebäude sehen. Es war Donnerstagvormittag. Von den – ich weiß nicht, wie vielen Dutzend Fenstern – waren nur sechs beleuchtet. Ich habe sie gezählt; und nur hinter zwei Bürofenstern konnte ich Menschen entdecken. Bedenkt man, dass auch jeder ungenutzte Quadratmeter tagtäglich viel Geld kostet …

Nein, ich bin kein Gegner von New Work und Homeoffice und allen Arbeitsformen, die mit der Digitalisierung zusammenhängen. Ich bin ein klarer Befürworter! New Work brauchen wir, New Work muss sein, aber wir müssen in vielen Bereichen noch sehr viel besser werden. Die von mir ausgewählten Beispiele sollen zeigen, wo die typischen Vor- und Nachteile liegen können – ich betone: können. Und sie sollen sichtbar machen, wo das Analoge dem Digitalen überlegen ist; wie etwa bei den Softskills, die für mich zum entscheidenden Vorteil des Menschseins gehören. Letztendlich sollen die Beispiele Sie dafür sensibilisieren, zu erkennen, dass New Work keine Glückspille ist, die man einwirft, und alles ist gut. Aber sie ist auch kein Teufelszeug. Leider liest und hört man vor allem in den Medien immer nur das Extreme. Es ist immer der gleiche Sound. Ich wünsche mir eine differenzierte Betrachtung. Sollte man nicht viel mehr zeigen, wie New Work und Old Work zusammen funktionieren können? Es braucht doch das Beste aus beiden Welten und nicht ein Entweder-oder. Fatalerweise wird diese Spaltung in richtig oder falsch beziehungsweise gut oder böse gerade durch die digitale Kommunikation vor allem in den Sozialen Medien angefeuert. Entweder man ist dafür oder dagegen. Das macht eine kritische Auseinandersetzung mit jedem Thema erst mal unmöglich und ist höchst undemokratisch.

New Work wird auch eine sehr große Herausforderung im Zwischenmenschlichen werden, nämlich, was das Vertrauen betrifft. Vertrauen braucht die Kommunikation, und diese braucht die persönliche Erfahrung miteinander. Nur so kann Vertrauen entstehen oder aufrechterhalten werden. Während der Pandemie hat die Teamarbeit vom Homeoffice aus im Wesentlichen deshalb funktioniert, weil man schon vor Corona am angestammten Arbeitsplatz zusammengearbeitet hatte. Man kannte sich gut und vertraute sich in der Regel gegenseitig. Natürlich gab es Ausnahmen. Jedenfalls wurde mit der Fernarbeit auch das Vertrauen auf die Probe gestellt; zwischen den Mitarbeitern genauso wie zwischen dem Unternehmen und den Mitarbeitenden. Vertrauen ist die Grundlage unserer Kommunikation. Diesen Satz sollte sich jeder irgendwo ganz groß aufschreiben. Umgekehrt gilt: Kommunikation ist die Grundlage, Vertrauen zu entwickeln und auszubauen. Je persönlicher diese Kommunikation ist, desto besser.

Ein zweites Feld, das wir beackern müssen – neben der Vertrauensarbeit –, ist das Thema Autorität im Kontext von New Work. Ich meine damit die Autorität von Führungspersonen im Unternehmen, die vermeintlich an Autorität verlieren, weil sie durch die Arbeit auf Distanz den unmittelbaren Zugriff nicht mehr haben oder glauben, ihn nicht mehr zu haben. Aber auch hier spielt der Faktor Vertrauen eine entscheidende Rolle. Über Vertrauen und Kontrolle haben wir schon am Anfang dieses 2. Teils in »Was neues Arbeiten mit der alten Arbeit macht« gesprochen. In Ergänzung dazu nur so viel: Entweder Sie spielen die Autorität in alter Manier aus und verschaffen sich den Zugriff auf den Mitarbeitenden, in dem Sie jede Stunde einen Rapport verlangen. Oder Sie versuchen es mit einer ordentlichen Portion Vertrauen und geben sich und Ihren Leuten eine Chance, eine neue Erfahrung zu machen. Sind diese Erfahrungen positiv, dann kann das Unternehmen nur profitieren. Gewinnen Sie negative Erkenntnisse, können Sie entsprechende Justierungen vornehmen und den Zustand korrigieren.

Und ehrlich: Man darf jetzt nicht erwarten, dass man heute alle Rezepte für die Lösung von morgen geliefert bekommt. Es ist ein laufender Prozess. Entscheidend ist, dass man diese, sagen wir mal, Themen auf dem Schirm hat. Auch, wenn man glaubt, dass man alles darüber wüsste, zum Beispiel wie sich unsere Kommunikation durch Digitalisierung verändert, sollte man sich die Dinge trotzdem immer mal wieder vor Augen führen und reflektieren, sonst verlieren sie an Schärfe und an Dringlichkeit, sie umzusetzen.

Und wenn wir schon konkret von Zukunft sprechen. Bei der Zukunftsgestaltung kommt es allein auf uns Menschen an. Zukunft ist für uns zunächst etwas sehr Abstraktes. Aber eine Prognose über eine mögliche Zukunft hat einen entscheidenden Einfluss auf die Zukunft. Sie ist die wesentliche Ursache dafür, dass diese Zukunft tatsächlich wie erwartet eintritt. Wenn ich nichts tue, weil ich prognostiziere, dass mein Handeln sowieso nicht ins Gewicht fällt, dann tue ich nichts. Und siehe da: Es tut sich nichts. Ich beweise mir selbst meine eigene Prognose. Das nennt man dann eine sich selbsterfüllende Prophezeiung; damit ist eine Vorhersage gemeint, die ihre Erfüllung selbst bewirkt.

Oder aber ich tue etwas. Ich pflanze zum Beispiel im Frühjahr Tomatensträucher, um im darauffolgenden Herbst wohlschmeckende Tomaten zu ernten. Und siehe da, im Herbst ernte ich wohlschmeckende Tomaten. Die Zukunftserwartung ist eingetreten. Aber bitte jetzt nicht durchdrehen und sich wie Nostradamus fühlen! Niemand kann die Zukunft vorhersagen. Es ist nur so, dass Menschen gerne an Vorhersagen glauben. Deswegen agieren sie so, dass sie sich erfüllen oder eben nicht, wenn sie nicht agieren. Wenn man das einmal durchschaut hat, hat man kapiert, dass man die Zukunft gestalten kann. Ich kann hier mitreden, denn ich selbst betreibe einige auf Zukunft ausgerichtete Nachhaltigkeitsprojekte. Und die sind Herzensprojekte. Mehr dazu im 3. Teil »Nachhaltigkeit – Bekenntnis oder Buzzword?«

WIR KOMMUNIZIEREN MIT DER ZUKUNFT UND NEHMEN MIT!

Fünf Take-aways, die auf dem Weg zu New Work Orientierung geben:

- Machen Sie sich bewusst, dass mit zunehmender Digitalisierung und digitaler Kommunikation die Bedeutung der persönlichen Kommunikation wächst.
- Sicher wissen Sie, dass Gefühle in der Kommunikation eine enorme Rolle spielen. Zeigen Sie diese Gefühle bitte auch, und lassen Sie wiederum die Gefühle anderer zu.
- Hinterfragen Sie Gemütszustände. Fragen Sie sich, wie es Ihren Mitarbeitern geht. Fragen Sie sich, wie es Ihrem Team geht. Fragen Sie sich, wie es Ihnen selbst geht.
- Sie kennen sich mit Zahlen, Daten und Unternehmenswerten aus. Aber wissen Sie auch um den Wert Ihrer Mitarbeiter? Wertschätzung gehört ganz nach oben auf die Agenda.
- Überprüfen Sie regelmäßig Ihren Führungsstil. Wie begegnen Sie Ihren Mitarbeitern? Haben Sie (noch) einen Zugang? Erreichen Sie Ihr Gegenüber? Bitten Sie um Feedback.

ES MANGELT AN REZEPTEN GEGEN CHRONISCHEN FACHKRÄFTEMANGEL

Er steht seit Jahren unangefochten im Mittelpunkt der Zukunftsbetrachtungen und Wirtschaftsanalysen: der Fachkräftemangel. Da, wo er steht, nämlich im Mittelpunkt, klafft ein Loch. Dieses Loch ist auf natürliche, sprich biologische Weise entstanden. Ursache ist der viel zitierte demografische Wandel, der keinesfalls überraschend gekommen ist. Die Gesellschaft wird zunehmend älter, gleichzeitig schrumpft sie. Immer weniger Junge, immer mehr Ältere. Die Bertelsmann Stiftung, die Prognosen zur Entwicklung der deutschen Bevölkerung veröffentlicht, hat dieses Thema regelmäßig auf dem Zettel:

> »So wird die Gruppe der älteren potenziell Erwerbstätigen (45–64 Jahre) bis zum Jahr 2025 um 1,4 Millionen zunehmen. Die Gruppe der jüngeren potenziellen Erwerbstätigen (25–44 Jahre) wird dagegen um 3,7 Millionen abnehmen. Da auch die Zahl junger Menschen (16–24 Jahre) um rund 2 Millionen zurückgehen wird, fehlt es an Nachwuchs für den Arbeitsmarkt.«[1]

Diese Veränderung in der Altersstruktur arbeitsfähiger Menschen hat mehr und mehr zu einem Mangel an »nachwachsenden« Fach- und Führungskräften in den westlichen Industrieländern geführt. Es kam zu einer massiven Veränderung des Erwerbspersonen-Potenzials. In den Märkten greift ein immer schärfer werdender Wettbewerb um qualifizierte und talentierte Mitarbeiter um sich. Es ist eng auf dem Kandidatenmarkt. Der Kampf um die Besten wird immer härter. Aber diese Entwicklung ist keinesfalls neu.

Erkenntnisse dazu gibt es schon lange. Es waren drei US-Amerikaner, Ed Michaels, Helen Handfield-Jones und Beth Axelrod, die in ihrem Buch mit dem Titel *The War for Talent*[2] erste Ansätze darüber skizzierten. Das war im Jahre 2001. Vorangegangen war eine im Jahr 1998 veröffentliche McKinsey-Studie mit dem gleichen Titel.[3] Die Quintessenz der großangelegten Befragung von 13 000 Managern aus 120 Unternehmen war im Grunde keine Sensation. Sie besagte, dass Unternehmen, die gute Manager gewinnen und halten können, wirtschaftlich erfolgreicher seien. Die Studie wirkt bis heute nach. Dazu trägt sicher auch die martialische Tonalität des Titels bei: »War for Talent«. Die Botschaft dahinter: Talent ist die wichtigste Ressource in den nächsten Jahren und Jahrzehnten, und Talent-Management das entscheidende Aufgabenfeld für Manager der Zukunft. Als dann endlich kurz vor der Jahrtausendwende die ersten deutschsprachigen Sach- und Fachbücher mit ähnlichen Titeln erschienen, war der Talentkampf hierzulande schon längst entbrannt. Heute haben wir es mit einem Anbietermarkt zu tun. Also mit einer Marktsituation zugunsten der Arbeitnehmer, die ihre Leistung anbieten. Anders gesagt: Die demografische Entwicklung hat dazu geführt, dass sich der Arbeitsmarkt vom Arbeitgebermarkt zum Arbeitnehmermarkt gewandelt hat. Aktuelle (Gen Y) und vor allem zukünftige Mitarbeiter (Gen Z) haben längst die Wahl, wo sie arbeiten wollen und wo nicht. Die Unternehmen haben hier bereits deutlich an Entscheidungsmacht verloren. Die Machtverschiebungen sind branchenspezifisch sehr verschieden. Es gibt Branchen, die schon seit Jahren unter dem viel zitierten Fachkräftemangel leiden, wie etwa die IT- oder auch die Pflegebranche. Zudem ist vielfach ein regionaler Wettbewerb um Fachkräfte zwischen Ballungsgebieten und ländlichen Räumen entstanden.

Momentan stehen vier – genau genommen nur noch drei – volle Generationen im Arbeitsleben: die Generation X, die Generation Y sowie die älteren Jahrgänge der Generation Z. Der größte Teil der Babyboomer, die zwischen 1956 und 1960 zur Welt kamen, geht 2025 in Rente. Die Übrigen, also die zwischen 1961 und 1965 Geborenen, scheiden spätestens 2030 aus dem Arbeitsmarkt aus.

Wer die Abbildung 9 zur demografischen Entwicklung betrachtet, wird erkennen, dass sich der Anteil der Bevölkerung ab 65 Jahren von 1950 bis

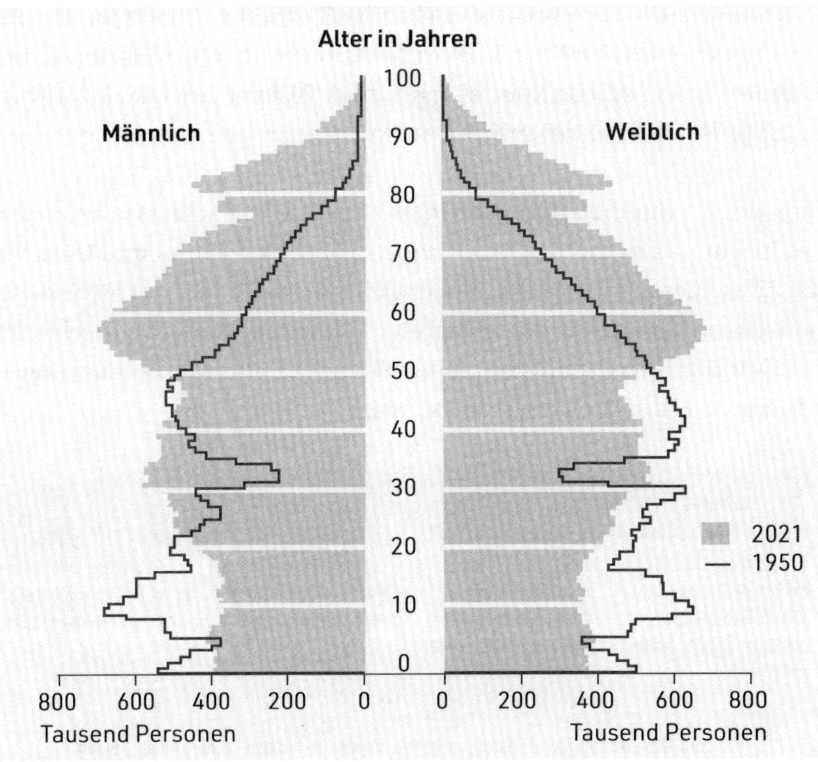

Abb. 9: Altersaufbau der deutschen Bevölkerung 2021 im Vergleich zu 1950
Quelle: *eigene Darstellung nach Daten von Destatis*[4]

2021 mehr als verdoppelt hat und von 10 Prozent auf 22 Prozent gewachsen ist:

> »Der Anteil der jüngeren Bevölkerungsgruppen im Alter von unter 15 Jahren nahm im selben Zeitraum ab – von 23 % im Jahr 1950 auf 14 % im Jahr 2021. Wenig Veränderung gab es dagegen in der Gruppe der Menschen im erwerbsfähigen Alter von 15 bis einschließlich 64 Jahren. Sie stellten auch 2021 den größten Anteil an der Bevölkerung mit 64 %.«[5]

Fazit: Alle jüngeren Bevölkerungsgruppen schrumpfen. Es sind also genau diejenigen, die wir brauchen, von denen aber nicht mehr genug oder noch nicht genug nachkommen:

»Laut aktuellen Vorausberechnungen wird die Bevölkerung im erwerbsfähigen Alter, also Personen zwischen 20 und unter 65 Jahren, bereits im Jahr 2030 um 3,9 Millionen auf einen Bestand von 45,9 Millionen Menschen sinken. Im Jahr 2060 sind dann schon 10,2 Millionen weniger Menschen im erwerbsfähigen Alter.«[6]

Biologisch kann die Lücke jedenfalls nicht mehr geschlossen werden. Lücke ist gut – es ist ein Krater. Extremer würde es noch, wenn Deutschland die Zuwanderung beschränken oder gar keine Zuwanderung mehr zulassen und keine Migranten in den Arbeitsmarkt bringen würde. Dann fehlten uns bis 2060 laut Bundesministerium für Wirtschaft und Klimaschutz sage und schreibe 16 Millionen Erwerbspersonen.

30 BIS 45	1/3	352	55
Prozent Anstieg des Anteils der über 67-Jährigen an allen Erwerbstätigen zwischen 20 und 67 Jahren bis 2034.	weniger Erwerbspersonen bis 2060 (oder bis zu 16 Millionen Personen), wenn Deutschland keine Zuwanderung zulassen würde.	von 801 Berufsgattungen sind aktuell mit Fachkräftemangel konfrontiert.	Prozent der Unternehmen sehen Fachkräftemangel bereits heute als Risiko.

Abb. 10: Vier Zahlen zum demografischen Wandel und zu den Fachkräfteengpässen

Übrigens: Auch Arbeitnehmer, die im Erwerbsleben stehen, bekommen den Fachkräftemangel zu spüren und werden zusätzlich belastet. Laut bereits zitierter XING Job-Happiness-Studie[7] aus Oktober 2022 macht jeder Dritte (35 Prozent) Überstunden, um den Mangel an Kolleginnen und Kollegen zu kompensieren.

New Work – das Mittel gegen Fachkräftemangel?

Eins ist sicher: Angesichts des akuten Fachkräftemangels kommen Unternehmen nicht umhin, ihre Arbeitsbedingungen grundsätzlich zu überdenken und sich durch neue Arbeitsangebote auf die Bedürfnisse und Erwartungen ihrer Mitarbeitenden einzustellen. Als Erstes müssen Unternehmen sich aber bewusstmachen, dass sie es sind, die um Bewerber werben müssen. Längst noch nicht alle Unternehmen haben begriffen, dass sich das Marktgewicht zugunsten der Jobsuchenden verschoben hat. Diese Ausgangslage ist bis auf unabsehbare Zeit von den Unternehmen zu akzeptieren.

Um Fachkräfte anzulocken und langfristig zu binden, reicht es nicht mehr aus, das Anforderungsprofil zum Maßstab zu machen und darauf zu hoffen, dass eine Bewerberin oder ein Bewerber diesem Profil entspricht. Unternehmen müssen stattdessen gezielt auf die Vorstellungen und Ansprüche der Bewerber eingehen und auf Vertrauens- und Beziehungspflege setzen. Es heißt zwar immer noch Bewerber, aber der Jobsuchende ist längst nicht mehr der Werbende; er oder sie will umworben werden. Und das hat nichts mit Hochmut oder Arroganz zu tun. Das sind schlicht die bekannten Mechanismen der Marktwirtschaft. Das Angebot an Bewerbern bestimmt jetzt die Nachfrage aufseiten der Unternehmen.

Aber hat New Work in diesem Kontext das Zeug, um dem Fachkräftemangel den Schrecken zu nehmen? Zu viel Flexibilität und Freiheit auf Arbeitnehmerseite kann nämlich dazu führen, dass Mitarbeitende sich mit dem Unternehmen nicht ausreichend identifizieren, weil sie sich zu wenig verbunden fühlen. Zu viel Struktur und zu engmaschige Vorgaben können wiederum dazu führen, dass Mitarbeitende zu wenig motiviert sind, weil sie sich in ihrer Entwicklung und Entfaltung in puncto Kreativität und Innovation gehemmt fühlen. Um hier das richtige Maß zwischen zu wenig und zu viel Struktur zu finden, braucht es vor allem im Personalbereich Fingerspitzengefühl. Um die Interessen beider Seiten zu verstehen und zu vertreten, vor allem aber, um den Bewerber zu gewinnen, müssen die Experten im Personalbereich in jedem Bewerber (wieder) den Menschen sehen. Übrigens: Bestimmt haben Sie sich auch schon irgendwann einmal gefragt, ob man Menschen managen könne. Ich mache es kurz: nein! Wer den Begriff managen für bare Münze nimmt, betrachtet Menschen wahrscheinlich auch nur als Produktionsfaktor.

Die Allzweckwaffe gegen Fachkräftemangel gibt es nicht. Aber New Work kann einen erheblichen Teil zur Lösung des Problems beitragen. Denn New Work stellt die Belange der Mitarbeitenden stärker in den Mittelpunkt. Wichtig dabei ist vor allem, was ein Unternehmen mit dem Faktor New Work zum Ausdruck bringen will. Dabei muss deutlich werden, dass Mitarbeitende wie auch Bewerber als individuelle Persönlichkeiten mit Wünschen und Bedürfnissen gesehen werden. Das heißt, wenn das Unternehmen nach innen wie nach außen signalisiert: »Aha, wir nehmen Sie wahr. Wir versuchen, Sie zu verstehen. Wir versuchen, uns auf Sie einzustellen. Wir nehmen Sie zum Maßstab für unser Handeln«, dann werden diese Unternehmen als Arbeitgeber für die Beschäftigten attraktiv sein und bleiben. Ein positives Beispiel aus Italien: Der größte Brillenhersteller der Welt, die Firma Luxottica mit Sitz in Mailand, setzt ab 2024 auf die 4-Tage-Woche und geht damit neue Wege. Aus Sicht der Beschäftigten heißt das: Das Unternehmen bietet seinen Mitarbeitern übers Jahr mehrere lange Wochenenden – und zwar ohne jegliche Lohnkürzungen:

> »Ein langes Wochenende aufgrund der Viertagewoche soll an 20 Wochen im Jahr möglich sein, zunächst wird es als Experiment für 1 000 Mitarbeiter in der Fertigung ausprobiert. [...] Die Gewerkschaften und das Unternehmen geben sich zuversichtlich, dass es bald ausgeweitet wird. ›In einer Zeit großer wirtschaftlicher und sozialer Umwälzungen ist es dringend notwendig, neue Organisationsmodelle für die Unternehmen einzuführen‹, sagte der Vorstandsvorsitzende Francesco Milleri der FAZ.«[8]

Ein Blick vor die eigene Haustür: Viele Unternehmen – sicher nicht nur in Deutschland – machen offenbar noch nicht genug beziehungsweise nicht das Richtige, um ihre Angestellten an sich zu binden oder um für potenzielle Bewerber attraktiv zu sein. Laut einer Studie, die von PAWLIK Consultants, Hamburg, in Kooperation mit dem Kölner rheingold Institut Mitte 2023 durchgeführt wurde, sind 60 Prozent der Beschäftigten mit den Bindungsangeboten unzufrieden: »Nur jeder Sechste (16 %) findet die Bindungsmaßnahmen genau richtig. [...] Die Unzufriedenheit korreliert mit der gewünschten Bleibedauer der Beschäftigten. Mehr als jeder Dritte ist offen für den Wechsel oder hat sich sogar schon dazu entschlossen.«[9]

Laut besagter Studie gäbe es jedoch sechs Bindungsfaktoren, auf die Unternehmen jederzeit zurückgreifen können sollten. Zusammengefasst liest sich das so: erster Platz ist Werkstolz (eigene Gestaltungsmöglichkeiten), zweiter Platz Flexibilität (Vereinbarkeit von Beruf und Privatleben), dritter

Platz Wir-Gefühl (Zugehörigkeit und Einbindung), vierter Platz Wertschätzung, fünfter Platz Mission (eigene Ziele verfolgen) und sechster Platz die Förderung (Entwicklungsmöglichkeiten).

Was Arbeitgeberattraktivität alles ausmachen kann

Manchmal sind es die kleinen Dinge, die Menschen eine große Freude bereiten. Dieser Satz kann durchaus auch auf den Arbeitsalltag angewendet werden. Ich möchte hier vier positive Beispiele aus meinem Erfahrungsumfeld beisteuern, die zeigen sollen, wie das ganz praktisch aussehen kann. Und glauben Sie mir, es sind nicht immer und ausschließlich die sensationellen Aktivitäten eines Unternehmens, die positiv auf potenzielle Bewerber wirken.

Erstes Beispiel: Eine IT-Firma aus Niedersachsen suchte händeringend Fachkräfte. Als die Firma feststellte, dass sie mit einer klassischen Anzeige nicht weiterkam, dachte die Personalabteilung um und recherchierte zuerst, wie IT-Experten gerne ihre Freizeit verbrachten. Fragen Sie mich nicht wie, aber sie fanden heraus, dass ITler oft zu den *Metalheads* gehören und im Sommer sehr gerne auf das Wacken Open Air gehen. Entsprechend haben sie die Stellenanzeigen angepasst und formuliert, dass sie unter den Bewerbern Eintrittskarten für Wacken verlosen würden: Jeder neue Mitarbeiter, der in das Unternehmen einträte, erhielte Eintrittskarten für sich und seine Freunde. Das IT-Unternehmen wurde überhäuft mit Bewerbungen. Denn Wacken ist immer in wenigen Stunden ausgebucht. Unter den Bewerbern gab es sogar einen, der von Baden-Württemberg in den »hohen Norden« gezogen ist, nur um bei dieser Firma zu arbeiten – und natürlich ein »geiles« Wochenende in Wacken verbringen zu können. Das ist vielleicht ein schräges Beispiel, aber möglicherweise hat es gerade deshalb funktioniert.

Zweites Beispiel: Österreich. In der kleinen Gemeinde Kuchl im Salzburger Land griffen die Verantwortlichen Anfang 2023 zu »radikalen« Mitteln. Den Kuchlern ging es um die rasche Mitarbeitergewinnung im personell stets unterbesetzten Bereich der Pflege. Um dem Pflegekräftemangel entgegenzuwirken, ging man in die Offensive und warb mit einem schlagkräftigen Slogan um den Nachwuchs: »Wir wollen jetzt was ändern.« Konkret lockte Kuchl mit einem attraktiven Angebot: Wer sich für einen Job in der Pflege interessierte, wurde sofort im Kuchler Seniorenhaus angestellt und bekam bereits während der Ausbildung das volle Gehalt ausbezahlt. Zudem konnten die Bewerberinnen und Bewerber den Ausbildungs- und Anstellungsbeginn sowie das Arbeitszeitausmaß selbst bestimmen. Wer es nicht glauben mochte, konnte noch im Dezember 2023 auf der Gemeindeseite nachlesen:

- **Wir bilden Dich in der Pflege aus – bei VOLLER BEZAHLUNG!**
- Das Arbeitszeitausmaß: BESTIMMST DU!
- Den Anstellungsbeginn: BESTIMMST DU!
- Den Ausbildungsbeginn: BESTIMMST DU!

Kuchl zeigte damit maximale Kreativität und Flexibilität bei den Rahmenbedingungen – von wegen hinterm Berg. »Wir waren alle überrascht, wie viele Bewerbungen es gab. Als Konsequenz haben langjährige Mitarbeiter mit ihrer Stundenanzahl aufgestockt, weil die Entlastung bei der Arbeit motiviert«[10], berichtete der Kuchler Bürgermeister Thomas Freylinger.

Drittes Beispiel: In diesem Fall geht es um »Minderheiten« – wenn man so sagen darf. Bekanntermaßen werden Zigarettenpausen allgemein akzeptiert, und jeder, der rauchen möchte, soll das von mir aus frei entscheiden. Aber stellen Sie sich vor, Sie stellen sich mal mit einem Vollkornbrötchen oder einem Gurkeneintopf für fünf bis acht Minuten ans Bürofenster. Sie unterbrechen einfach die Arbeit, um zu essen, obwohl offiziell gar keine Pausenzeit ist. Sie müssen das jetzt tun – wie ein Raucher, der mal eben eine rauchen muss. Ich gönne jedem, der raucht, die Raucherpause. Aber die Pause darf kein Privileg für Raucher sein. Arbeitgeber müssen eine Regelung finden, die es auch all jenen ermöglicht, die nicht ihre Zigarette, sondern ihren Salat genießen wollen, zu ihren arbeitsfreien fünf bis acht Minuten zu kommen. Eine Kleinigkeit? Jein. Eine solche Regelung würde einen Arbeitgeber durchaus sympathischer und damit attraktiver erscheinen lassen. Meine Forderung daher: Auch Salatesser müssen zum Zug kommen.

Viertes Beispiel: eine Idee, die es meines Wissens bisher auch noch nie gegeben hat. Ort des Ereignisses: Chemnitz, genauer gesagt, der Weihnachtsmarkt vom 27. bis 30. Dezember 2023. Die Weihnachtsgeschichte dahinter: In der Advent- und Weihnachtszeit besuchen viele ehemalige Chemnitzer ihre Heimat und ihre Familien. Einige von ihnen tragen sich möglicherweise schon länger mit dem Gedanken, wieder ganz nach Chemnitz zurückzukehren. Aber bisher war vielleicht der passende Job nicht in Aussicht. Und so begab es sich, dass der Initiative »ChemnitzCity« und dem »Geschäftsbereich Wirtschaft« der Stadt – gemeinsam mit weiteren Partnern – die Idee kam, Weihnachtsmarktbesucher und Unternehmen aus Chemnitz und Umgebung zusammenzubringen. Die Unternehmen bekamen zum ersten Mal die Möglichkeit, ihr Fachkräftemarketing an einem dafür sehr außergewöhnlichen Ort durchzuführen. Die Besucherinnen und Besucher wiederum konnten ihren Bummel auf dem Weihnachtsmarkt mit Informationsstopps an den Ständen der Unternehmen verbinden und vielleicht mit ihrem zukünftigen Arbeitgeber in lockererer Atmosphäre ins Gespräch kommen. Glühwein statt Bewerber-Dresscode. Die Veranstalter schafften mit ihrer Aktion ein gezieltes Angebot für Heimkehrer. Und das in einer Zeit des Jahres, in der viele das vergangene Jahr Revue passieren lassen, aber auch nach vorn schauen. Was wird sich ändern? Was soll sich ändern? Auch im Job. Ganz ungezwungen bot sich für die Unternehmen so eine einzigartige Gelegenheit, potenzielle Fachkräfte anzusprechen und Heimatverbundene zur Rückkehr zu ermutigen. Nicht-Chemnitzer nicht ausgeschlossen. Die Resonanz war durchweg positiv. Und die Väter und Mütter der Idee durften sich über eine wirklich gelungene Bescherung freuen.

Fünftes – aber negatives – Beispiel: Eine westfälische Bank mit mehreren Standorten und kleinem Filialnetz suchte Mitarbeiter. Die Stellenanzeige warb um ausgelernte Banker – als Fachkräfte. Zur Überraschung der Bank bewarben sich ein Gastronom und ein Handwerker. Jedenfalls waren weder ein Bankkaufmann noch eine Bankkauffrau dabei. Jetzt könnten Sie sagen: Klar, eine Bank, da geht es um Finanzen. Da muss man eben mit allem rechnen. Spaß beiseite. Das Beispiel ist leider kein Scherz, sondern aus dem wahren Leben gegriffen. In meinen Augen liegen hier zwei Schlüsse nahe, warum es zu keinem Partner-Matching zwischen Bank und Bewerbern kam: Entweder Gastronom und Handwerker waren so verzweifelt, dass sie jeden Job gemacht hätten. Oder – und ich glaube, dass war der tatsächliche Grund – die Bank hat sich in den Augen der potenziellen Banker derart unattraktiv gezeigt, dass sich niemand, der gepasst hätte, beworben hat.

Mit etwas Glück kann Arbeit sogar glücklich machen

Passt das überhaupt zusammen: Arbeit und Glück? Wer in seinem Beruf seine Berufung gefunden hat, dem werden Glücksmomente nicht fremd sein. Das kann ich aus eigener Erfahrung bestätigen. Unter Berufung versteht man im Allgemeinen eine besondere Befähigung, die jemand als Auftrag in sich fühlt. Wenn der Mensch zu diesem Auftrag eine passende Tätigkeit findet, hat er gute Chancen, sich selbst verwirklichen zu können, was ihn wiederum zufrieden und sogar happy machen kann. Das ist nachvollziehbar. Ich, zum Beispiel, wollte immer schon vor Menschen auftreten. Aber dieses Gefühl war diffus. Ich konnte es nicht adressieren. Sicher war: Zum Profischauspieler fehlte mir das ganz große Talent. Aber ich spürte in mir etwas, das mir sagte: Du willst mit Menschen und für Menschen arbeiten, und du willst sie auch unterhalten. Und das frei von starren Denkmustern – lateral statt linear. Dazu brauchte ich eine Bühne. Und tatsächlich wurde es die Bühne. Viele Jahre stand ich als Mentalist bei exklusiven Businessevents vor Publikum. Ich hatte meine Berufung gefunden und konnte den Auftrag, den ich in mir spürte, den ich aber lange nur schwer oder gar nicht in Worte fassen konnte, erfüllen. Die Bühne wurde zum Ort meiner beruflichen Erfüllung. Von den sogenannten Gedankenexperimenten, die ich in dieser Phase meines Berufslebens durchführte, zehre ich noch heute, und mein Publikum profitiert davon. Ich trete immer noch vor Menschen auf, arbeite mit ihnen und für sie und gebe heute meine Erfahrung an Unternehmen, Organisationen und Institutionen weiter. Ich mache meinem Publikum deutlich, wie beeinflussbar wir doch alle sind. Der Mut zur Veränderung ist dabei mein Thema. Wenn Sie so wollen, ist auch das ein Stück erfüllter Berufung.

Das Thema scheint jedenfalls allgemein von großem Interesse zu sein. Füttert man Google mit den Schlüsselbegriffen *Berufung* und *Beruf*, werden ungefähr 6,4 Millionen Ergebnisse angezeigt. Ich stelle mir die Frage, ob New Work hier vielleicht ein Glücksfall sein könnte, explizit das Homeoffice:

> »Echtes Arbeitsglück ist ohne Homeoffice nicht möglich? So einfach ist das nicht. [...] Allen Daten internationaler Organisationen zur Arbeitszufriedenheit und zur Motivation (Great Place to Work, Gallup) zufolge, sind die Jobbenden dort am ehesten happy, wo sie gesehen, wahrgenommen werden, wo sie anerkannt und wertgeschätzt werden. Wo sie ihren Beitrag kennen und die Bezahlung als fair empfunden wird. Das hat interessanterweise nichts mit der absoluten Höhe der Gage zu tun. Allerdings mit Vorgesetzten und der von ihnen gelebten Unternehmenskultur.«[11]

In einem Interview mit dem Magazin *Jetztleben* der Deutschen Rentenversicherung postuliert die Berliner Psychologin Judith Mangelsdorf, dass vor allem die Verbundenheit am Arbeitsplatz zu Glück führt. Das Team, die Menschen, seien ein glücksspendender Aspekt.[12] Auch das kann ich nachvollziehen. Zwar stehe ich allein auf der Bühne, aber umgeben von Menschen, mit denen ich mich in diesem Moment verbunden fühle.

Mein Fazit: Unternehmen, die verstanden haben, dass sie ihre Attraktivität als Arbeitgeber nur dann steigern können, wenn sie das Human deutlich über die Ressource stellen und dies auch kommunizieren, werden potenzielle Bewerber anziehen. Unternehmen, die danach handeln, werden auch die Chancen von New Work im Umgang mit dem Fachkräftemangel zu nutzen wissen.

WIR KOMMUNIZIEREN MIT DER ZUKUNFT UND NEHMEN MIT!

Fünf Take-aways, die auf dem Weg zu New Work Orientierung geben:

- Der Arbeitsmarkt verändert sich. Diese Veränderungen bieten Ihnen als Arbeitgeber eine große Gelegenheit: Verändern Sie sich auch, und zeigen Sie Ihr Unternehmen jetzt von seiner attraktivsten Seite.
- Sehen Sie es als Zukunftschance: Durch den Fachkräftemangel können Sie auch persönlich ganz neue Erfahrungen machen – der Bewerber will umworben werden!
- Stellen Sie »Human« deutlich über »Ressource«. Menschen sind kein Unternehmenskapital, sondern Menschen sind Menschen. Sie erreichen sie am besten durch Wertschätzung und eine menschliche Ansprache.
- Menschen managt man nicht. Man respektiert sie. Man stärkt sie. Man unterstützt sie. Man fördert sie – und man fordert sie. Das ist Führung.
- Wenn Sie als Unternehmen in der Öffentlichkeit punkten wollen, denken Sie zuerst an die Menschen. Jeder in Ihrem Team zählt. Jeder hat eine Außenwirkung.

NACHHALTIGKEIT

BEKENNTNIS ODER BUZZWORD?

WIE ES EIN WORT AUS DEM WALD IN DIE WIRTSCHAFT GESCHAFFT HAT

Rund fünfzig Jahre lang war der Begriff Recycling die Beruhigungspille für alle, die Sorge um die Umwelt hatten. Recycling war das Surrogat für ein reines Umweltgewissen und das Synonym für »Alles wird gut«. Inzwischen hat der Begriff Nachhaltigkeit dem Zauberwort Recycling den Rang abgelaufen. Nein, ich will nicht polemisieren. Aber ich erlaube mir, etwas zu überspitzen. Denn fast die ganze Wirtschaftswelt, aber auch die Politik, die Unterhaltungsbranche, der Formel-1-Zirkus und selbst die Kirche erlauben sich inzwischen, den Begriff zu missbrauchen, indem sie ihn erst für sich reklamieren und dann überstrapazieren. Ja, bin ich denn im Wald hier? Im ursprünglichen Kontext war das mit der Nachhaltigkeit nämlich so: Wurde weniger Holz im Wirtschaftswald geschlagen als nachwuchs, nannte man das nachhaltiges Wirtschaften. Etwas größer gedacht – abseits des Waldes und der Forstwirtschaft – versteht man unter Nachhaltigkeit heute auch: die Ressourcen der Erde für nachkommende Generationen zu erhalten und nicht ohne Rücksicht auf Totalverlust zu verbrauchen. Ich plädiere dafür, dass wir auch den Begriff Nachhaltigkeit für nachkommende Generationen erhalten. Worte verlieren mit ihren Inhalten an Bedeutung, wenn sie inflationär benutzt werden. Nachhaltigkeit bringt es auf 393 000 000 Google-Ergebnisse. Mit dem Begriff Dynamik war das vor Jahren in etwa auch so. Ausgelutscht bis zur Worthülse. Und dem Begriff Innovation erging es ganz ähnlich. Würden wir den Begriff Nachhaltigkeit nicht so explosionsartig beliebig benutzen, sondern gezielter, bewusster, sensibler, würden wir ihn weniger abnutzen. Er würde stärker hervortreten und stärker wirken. Wenn wir jedoch weiter so beliebig mit der Nachhaltigkeit umgehen, wird das Gegenteil eintreten. Der Begriff wird immer flacher. Platt gemacht. Kahlschlag. Irgendwann werden wir ihn vergessen – und zwar – pardon: nachhaltig.

Wenn wir ehrlich nachhaltig wirtschaften wollen, darf die Quelle, aus der wir schöpfen, nicht versiegen. Ansonsten hat jegliches Handeln, das wir mal so eben mit dem Begriff Nachhaltigkeit etikettieren, so wenig zu tun wie eine Kuh mit dem Fahrradfahren.

Peter Lustig (der Mann hieß wirklich so) führte Kinder von 1981 bis 2005 durch die Erklärsendung *Löwenzahn*. Das *ZDF*-Format läuft heute noch. Seit 2006 erklärt Fritz Fuchs (der eigentlich Guido Hammesfahr heißt) Kindern die Welt. Etwa so:

> »Nachhaltigkeit bedeutet, nur so viel von einer Sache zu verbrauchen, wie in der Natur neu entsteht. Wenn man etwas nachhaltig macht, bedeutet das, dass man damit auch in Zukunft immer so weitermachen könnte. Ohne Nachhaltigkeit muss man irgendwann damit aufhören.«[1]

Das zu verstehen ist doch wirklich kinderleicht, oder? Das Problem ist, dass manche Gruppen (Unternehmen, Regierungen, Lobbyvereinigungen, Interessenverbände et cetera), darauf setzen, dass große Teile der Gesellschaft Sachverhalte und eben auch Begriffe, die für diese Sachverhalte stehen, einfach nicht mehr hinterfragen.

Aber das tun wir jetzt mal und hinterfragen trotzig wie Kinder, was es mit dem »Verbrauchen von Sachen« auf sich hat. Um das zu verstehen, müssen wir uns klarmachen, dass wir inzwischen so viele Ressourcen verbrauchen, dass wir der Erde ab einem bestimmten Tag etwas schulden. Denn wir leben nicht nachhaltig und überlasten so den Planeten. Der »Earth Overshoot Day« ist der Tag, an dem die Menschen auf der Erde ihre verfügbaren Ressourcen verprasst haben. Damit sind alle biologischen Ressourcen gemeint, die uns die Erde innerhalb eines Jahres zur Verfügung stellt. Saubere Luft, Boden, Wasser, aber auch biologische Vielfalt. Der Erdüberlastungstag war 2023 bereits am 2. August. Und für Deutschland sogar noch um einiges früher. Schon am 4. Mai hatten wir die verfügbaren Ressourcen mit Stumpf und Stiel aufgebraucht. Wenn alle Menschen so leben würden wie wir hier in Deutschland, bräuchten wir ungefähr drei Erden. In den Siebzigern des vergangenen Jahrhunderts fiel der »Earth Overshoot Day« noch auf den 30. November. Die Erdüberlastung trat also vier Monate später ein als heute. Wir verbrauchen unsere Ressourcen demnach immer schneller. Und eine 180-Grad-Wende ist nicht in Sicht. Auch glaube ich, dass das mit den zwei zusätzlichen Erden schwierig werden dürfte. Außerdem wäre das eine absurde Lösung: zusätzliche Erden, damit der Mensch nicht mehr Ressourcen verbraucht, als diese Erden zusammen produzieren. Das kann nicht der Plan B sein. Aber irgendwas muss passieren. Wir brauchen echte nachhaltige Lösungen. Bisher lösen wir uns nicht einmal von herkömmlichem Denken, geschweige denn von herkömmlichem Handeln. Wir machen so weiter wie bisher. Schade, dass man das menschliche Verhalten in puncto Nachhaltigkeit nicht bewerten kann, so wie man heute jedes Produkt und jede Dienstleistung im Internet bewerten kann. Es würde schlechte Bewertungen hageln. Null Sterne! Die User der Erde – also wir alle – könnten den Laden gleich wieder dichtmachen. Es genügt verflixt noch einmal nicht, sich nur den Begriff Nachhaltigkeit ans Revers zu heften.

Trotzdem: Im Windschatten des Begriffs Nachhaltigkeit segeln ganze Industrien. Praktisch jede Industrie, aber auch Organisationen. Auf die Gefahr hin, dass ich mich wiederhole: Es reicht nicht aus, sich nur ein grünes Etikett aufzukleben. Unternehmen, die nur so tun, als ob, machen langfristig gesehen einen Riesenfehler. Sie schaden nicht nur der Umwelt, sie schaden auch sich selbst. In einem Interview mit der *Vogue* wurde die Beauty-Pionierin Susanne Kaufmann gefragt, wie sie als Unternehmerin zur aktuellen Nachhaltigkeitswelle stehe. Ihr Statement dazu:

> »Nachhaltigkeitsthemen gibt es schon ewig, aber auf Nachhaltigkeit spielen, das funktioniert langfristig nicht. Die Transparenz ist einfach da, du kannst heute nichts mehr verheimlichen. Besonders die junge Generation lässt sich nicht mehr an der Nase herumführen. Durch die Digitalisierung weiß jeder, was du machst und wie du es machst. Diese Zeichen, Zertifizierungen – glaubt ihr daran? Meine Generation hat das so gelernt, aber die Jüngeren gehen einfach auf Google und finden alles selbst heraus.«[2]

Wie wir wissen, ist Google quasi *Löwenzahn* für Erwachsene. Und trotz zahlreicher weiterer Erkläranlagen wie Bing, Yahoo, Sogou und anderer Suchmaschinen: Nicht wenige Unternehmen versuchen heute immer noch, sich und ihren Kunden etwas vorzumachen, wenn es um Nachhaltigkeit geht. Sie tun so, als täten sie etwas für die Nachhaltigkeit; und damit für Mensch und Natur. Greenwashing nennt man das. Erschreckende Beispiele dazu folgen im nächsten Kapitel »Greenwashing – Unsaubere Geschäfte auf Kosten der Umwelt«.

In jedem Fall unterschätzen diese Unternehmen ihre Kunden. Fragen wir den berühmten Mann auf der Straße, was man unter Nachhaltigkeit versteht, zeigt sich, dass ein grundlegendes Verständnis für Nachhaltigkeit besteht. Allerdings geht die Schere auseinander, wenn es um die Frage geht, ob sich der Befragte auch nachhaltig verhält. Aber das steht auf einem anderen Blatt. Dem werden wir auch noch im Laufe dieses Buchteils nachgehen. Grundsätzlich fühlen sich die meisten Konsumenten informiert. Nachhaltigkeit ist nicht nur in aller Munde, sondern offenbar auch in den Köpfen der meisten Menschen angekommen. Einschränkend muss man jedoch sagen, dass noch lange kein umfassendes Verständnis herrscht. Aus Befragungen[3], wie sie etwa die Agentur für Forschung für das Bundespresseamt durchgeführt hat, weiß man, dass sich Probanden unter Nachhaltigkeit Unterschiedliches vorstellen, auch wenn ihre Vorstellung immer auf Natur, Umweltschutz, Umweltverschmutzung und dergleichen fokussiert, bleibt die eigentliche Bedeutung des Begriffs im unscharfen Bereich. Nachhaltigkeit ist irgendwas mit Grün. Das macht die Kommunikation zum Thema leider problematisch. Denn wenn Botschaften zu ein und demselben Thema unterschiedlich verstanden werden, werden sie auch unterschiedlich interpretiert und wecken ebenso unterschiedliche, manchmal sogar widersprüchliche Erwartungen – an Unternehmen und an Politik.

Die Folgen bezogen auf die Kommunikation: Nachhaltigkeit kann alles und nichts bedeuten. Nachhaltigkeit kann für alles und nichts hergenommen werden. Nachhaltigkeit bringt Aufmerksamkeit. Hat aber nichts Verbindliches. Nachhaltigkeit wird zum Schlagwort – und ist es bereits geworden. Zur hohlen Phrase. Und in dieser Phrase – pardon Phase – befinden wir uns leider schon viel zu lange. Denn bedauerlicherweise gelingt es, mit Schlagwörtern besondere Beachtung zu erzeugen. Ganz im Sinne des Absenders. *Buzzwording* – also die Verwendung von Schlagwörtern in der Kommunikation – ist ein Mittel, um sich selbst in den Mittelpunkt zu rücken. Also Vorsicht vor *Buzzwords*! Ihrem Gebrauch liegt meist eine etwas zweifelhafte Überzeugungsabsicht zugrunde. Dabei geht es dem Absender weniger um substanzielle Inhalte. Kommuniziert wird zugunsten des Wort-Wohlklangs und zulasten des Inhalts. Buzzword-Verwender wollen in der Regel Sachverhalte einfach publikumswirksam benennen und sich selbst ins rechte Licht rücken. Geht es um die Nachhaltigkeit, setzt der Absender darauf, dass er allein durch die Verwendung des Begriffs an Ansehen gewinnt. Das ist jedenfalls mehr als nur eine These. Denn noch existiert kein umfassendes Nachhaltigkeitscontrolling, das zum Beispiel jedes deutsche Unternehmen, das sich nachhaltig nennt, prüft, ob mehr als nur ein Lippenbekenntnis dahintersteckt. Nichts spricht gegen Nachhaltigkeit – wahrlich nicht. Aber je häufiger ein Unternehmen von Nachhaltigkeit spricht, umso mehr sollte man das unternehmerische Handeln kritisch beäugen.

Zwar besteht seit 2017 eine sogenannte Nachhaltigkeitsberichtspflicht, wonach am Kapitalmarkt orientierte Unternehmen, Kreditinstitute, Versicherungsunternehmen sowie Konzerne mit mehr als 500 Mitarbeitenden einen Corporate-Social-Responsibility-Bericht vorlegen müssen. Das heißt, Unternehmen dieser Größenordnung müssen in ihrem Lagebericht oder einem gesonderten Nachhaltigkeitsbericht nicht finanzielle Informationen zu folgenden Punkten offenlegen:

- Umwelt-, Sozial- und Arbeitnehmer-/Arbeitnehmerinnen-Belange;
- Achtung der Menschenrechte;
- Bekämpfung von Korruption und Bestechung;
- Diversitätskonzept für die Zusammensetzung der Unternehmensführung, der Kontrollgremien und des Aufsichtsrats.

Aber was ist mit all jenen Unternehmen, größeren und kleineren Firmen, mit weniger und deutlich weniger als 500 Mitarbeitern? Im Jahr 2022 existierten in Deutschland laut Online-Statistik-Plattform *Statista* allein 74 398 Unternehmen mit 50 bis weniger als 250 abhängig Beschäftigten.[4] In Worten: Über vierundsiebzigtausend Firmen! Noch eine *Statista*-Zahl gefällig? Über 99 Prozent der deutschen Unternehmen gehören zur Gruppe der kleinen und mittleren Unternehmen, kurz KMU. Selbst wenn die KMU gemessen an der Zahl der Beschäftigten und am Umsatz einen deutlich geringeren Anteil an der Gesamtheit der deutschen Unternehmen hat, 74398 rechtliche Einheiten (das heißt mindestens eine natürliche Person, die wirtschaftlich tätig ist, eine juristische Person oder eine Personenvereinigung) – das ist sehr viel Kleinvieh-Potenzial, das in puncto Nachhaltigkeit eine Menge Mist machen kann. Ich hoffe, man verzeiht mir den Kleinvieh-Vergleich. Ich bin auf dem Land aufgewachsen. Außerdem kann man das Ganze ja auch positiv betrachten. Denn die Redewendung vom Kleinvieh, das auch Mist macht, sagt sinngemäß aus, dass auch viele kleine oder eher unbedeutend scheinende Schritte zum Erfolg führen können. Wenn also viele kleine Unternehmen nachhaltig wirtschaften, wird sich das in der Summe positiv auf die Umwelt auswirken. Das ist keine Binsenweisheit, das ist Wissenschaft.

Viele Unternehmen verfehlen ihre Klimaziele

Kehren wir der Landidylle den Rücken, dann müssen wir uns der harten Wirklichkeit stellen: Eine weltweit durchgeführte Befragung aus dem Jahre 2023 unter den in den jeweiligen Unternehmen verantwortlichen »Umwelt-Managern« hat zu einem wenig beschaulichen Ergebnis geführt. Nur ein geringer Anteil aller einbezogenen Unternehmen erfüllt die selbst gesteckten Klimaziele. Das geht aus der im November desselben Jahres veröffentlichten globalen Umfrage[5] der Unternehmensberatung Boston Consulting Group und dem Softwareunternehmen CO2 AI hervor. Demnach haben nur 14 Prozent der Unternehmen weltweit ihre Emissionen nach eigenen Angaben in den letzten fünf Jahren im Einklang mit ihren Klimazielen reduziert. Wir waren schon mal weiter. Denn 14 Prozent sind drei Prozentpunkte weniger als 2022. Als Begründung gaben viele der befragten Unternehmen »schwierige wirtschaftliche Bedingungen« sowie »Kapitalbeschränkungen« an. Darüber hinaus ergab die Befragung, dass lediglich 10 Prozent der Unternehmen ihre Emissionen umfassend messen – was so viel bedeutet wie: keine Verbesserung zur Situation im Vorjahr!

Den Begriff Kapitalbeschränkung findet man übrigens auch in der für Unternehmen mit über 500 Mitarbeitern verpflichtenden Nachhaltigkeitsberichterstattung. Wie der Begriff vermuten lässt, handelt es sich bei einer Kapitalbeschränkung zum Beispiel um ein maßgebliches Investmenthindernis. Wenn Kapital beschränkt ist, kann man nicht investieren. Leider, oder? Der Begriff kann aber auch eine schöne Umschreibung sein für: Wir haben kein Geld für Nachhaltigkeit. Beziehungsweise: Wir hätten schon Geld, aber haben andere Prioritäten. Wir sehen, wie man kommunikativ mit einem Sachverhalt umgehen kann, der Spielraum für Interpretationen bietet. Fazit: »Trotz der Verantwortung, die Klimakrise zu mildern, haben Unternehmen kaum Fortschritte bei der umfassenden Messung und Reduzierung ihrer Emissionen gemacht«[6], so formuliert es die Boston Consulting Group. Ein ernüchterndes Ergebnis.

Sind junge Unternehmen »grüner« als etablierte?

Starten wir positiv: Start-ups stellen Nachhaltigkeit vermehrt in den Mittelpunkt. Zu diesem erfreulichen Ergebnis kommt der *Green Startup Monitor* 2023 des Borderstep Instituts und des Bundesverbands Deutsche Startups (beide Berlin). Befragt wurden über 1500 junge Unternehmen in Deutschland. Im Vergleich zum Vorjahr 2022, in dem der Anteil »grüner« Unternehmen unter den Start-ups bei 29 Prozent lag, erreicht der Anteil 2023 mit 35 Prozent einen neuen Höchstwert:

> »Grüne Startups sind Motor der nachhaltigen Transformation zur Klimaneutralität bis 2050, die der Europäische Green Deal klar als Ziel formuliert. Die rund 6 000 grünen Startups in Deutschland leisten mit ihren umweltfreundlichen Produkten und Dienstleistungen nicht nur einen wichtigen Beitrag zu Klima- und Umweltschutz, sondern sind mit ihren zukunftsfähigen Arbeitsplätzen und sozialen Lösungen auch ein immer wichtigerer Wirtschafts- und Gesellschaftsfaktor.«[7]

Dies ist jedenfalls das Fazit, das das Borderstep Institut mit dem Green Startup Monitor aus der Langzeitbeobachtung (seit 2013) des nachhaltigen Gründungsökosystems in Deutschland zieht. Die Hoffnung, dass sich das

Blatt, auf dem Nachhaltigkeit steht, in Deutschland deutlich von grau zu grün färbt, ruht also offensichtlich auf den Start-ups – und hier wiederum auf den Jungunternehmerinnen. Denn unter den »grünen« deutschen Start-ups sind es vor allem die Gründerinnen, die Wert auf Nachhaltigkeitszielsetzungen innerhalb des Unternehmens legen. Der Gründerinnenanteil bei »grünen« Start-ups liegt mit 23 Prozent höher als unter den nicht »grünen« Start-ups mit 18 Prozent. Ist Nachhaltigkeit also eher Frauensache? Das britische Marktforschungsunternehmen Mintel befragte dazu 2018 britische Konsumentinnen und Konsumenten und stellte fest, dass »71 % of women try to live more ethically, compared to 59 % of men.«[8] Dieses und andere Ergebnisse dazu wurden auf der Mintel-Website unter dem Titel »The eco gender gap« veröffentlicht. Demnach sind es überwiegend die befragten Frauen, die im Vergleich zu den Männern ein umweltfreundlicheres Leben führen wollten. Eine jüngere Studie aus Schweden kam 2021 ebenfalls zu dem Ergebnis, dass Männer dem Klima mehr schadeten als Frauen:

> »Männer geben zwar nur etwa 2 % mehr Geld aus als Frauen, verursachen dabei aber rund 16 % mehr klimaschädliche Emissionen. Der Unterschied zwischen den Geschlechtern geht also nicht, wie bisher eher vermutet, darauf zurück, dass Männer insgesamt mehr Geld ausgeben – sondern, dass das Geld für unterschiedliche Dinge ausgegeben wird.«[9]

Untersucht wurden leider nur alleinstehende Männer und Frauen, da für Familien keine aufgeschlüsselten Daten vorlagen. Bleibt also offen, ob Frauen und Männer im Familienverbund – bezogen auf nachhaltiges Denken und Handeln – anders ticken. Wie dem auch sei: Wenn ich die Ergebnisse nun durch die Brille des Kommunikationsexperten betrachte, die ich eigentlich immer auf der Nase habe, fällt mir bezogen auf die Borderstep-Befragung sofort auf, dass generell von »Nachhaltigkeitszielsetzungen« gesprochen wird – was ja streng genommen noch nicht bedeutet, dass tatsächlich nachhaltig gewirtschaftet wird. Ähnliches sehe ich bei der Mintel-Befragung. Hier heißt es, dass vor allem Frauen »ein umweltfreundlicheres Leben führen wollen«. Das ist zunächst eine Absichtserklärung, aber noch nicht die Realität.

Nehmen wir einmal an, dass es tatsächlich die Frauen sind, die den Planeten retten wollen. Wo könnten die Gründe liegen? Vielleicht ist das Ganze genetisch verankert. Männer haben bekanntlich ein höheres Aggressionspotenzial als Frauen. Frauen sind eher die Bewahrer, Hüter. Sie haben eine stärkere Gruppenbindung. So könnte ich es mir erklären. Weil ich es aber nicht sicher weiß, ziehe ich eine Expertin zu Rate, und zwar Zara Bending. Sie forscht am Zentrum für Umweltrecht an der Macquarie University und ist Vorstandsmitglied des Jane Goodall Institute Australia zu diesem Thema. Sie glaubt, dass es sich um ein Problem der vermeintlichen Zuständigkeit handele. Die Erwartung, dass Frauen umweltbewusst sein sollten, sei ein weiteres kulturelles Symptom für die genderspezifische mentale Belastung. Wörtlich sagt sie: »Greenwashing kann genauso gut Pinkwashing sein. [...] Bauen wir jetzt dieses Paradigma auf, in dem wir Nachhaltigkeit als unsichtbare Frauenarbeit markieren?«[10] Diese Frage sei umso wichtiger, würde man bedenken, wie viele nachhaltige Alternativen auf dem Markt für Frauen angeboten würden. Täglich würden mehr umweltfreundliche Marken für Clean Beauty und Haushaltswaren auftauchen. In der Modebranche würde sich die Mehrheit der Konversationen über Nachhaltigkeit an Frauen richten.

Es wird vermutlich so sein, dass die Schuldgefühle, die Frauen empfinden, weil sie vermeintlich nicht genug für den Planeten tun, erlernt und nicht oder nicht ausschließlich angeboren sind. Wenngleich die Evolutionsbiologie sicher ein ordentliches Maß dazu beiträgt:

> »Eine logische, aber ungerechte Ausweitung der Erwartungen, dass sie die Hauptlast des häuslichen Mental Load tragen, den Großteil der Kindererziehung übernehmen und emotionale Arbeit wie kostenlose Süßigkeiten verteilen. Und das alles bei geringerer Entlohnung. Aufgrund dieser kapitalistischen Konditionierung wissen die Unternehmen und ihre Marketingfachleute, was Frauen mit größerer Wahrscheinlichkeit kaufen werden. Mit anderen Worten: Die Nachhaltigkeitslücke zwischen den Geschlechtern besteht, weil es eine Ungleichheit zwischen den Geschlechtern gibt.«[11]

Ein Gedanke, der vielleicht zu kurz greift, aber dennoch ausgesprochen werden will, ist dieser: Ich glaube nach wie vor, dass ein deutlich größerer Anteil an Frauen in Unternehmen und in der Politik für die Gesellschaft dringend wichtig wäre. Noch 2011 wetterte der damalige Daimler-Chef Zetsche gegen die Einführung einer Frauenquote für Führungspositionen in Unternehmen. Arbeitsministerin Ursula von der Leyen hätte Pläne, die schlicht unrealisierbar seien. Zetsche spottete:

> »›Wenn ich höre, dass in drei, vier Jahren 40 Prozent auf den Führungsposten Frauen sein sollen, dann verraten Sie mir bitte: Wohin soll ich all die Männer aussortieren? Alle zwangsweise in Rente schicken, damit überhaupt so viele Stellen frei werden?‹ Auf normalem Weg sei die Quote in so kurzer Zeit nicht zu erreichen, bekräftigt Zetsche: ›Das ist pure Mathematik, aber trotzdem gültig.‹«[12]

Heute finden wir bei der Mercedes-Benz Group AG (ehemals Daimler) weltweit nahezu 25 Prozent Frauen in Führungspositionen.[13] Im März 2023 konnte man auf der Konzern-Website Folgendes erfahren: »Unser Anspruch ist klar: Wir wollen mehr leitende Führungspositionen mit qualifizierten Frauen besetzen und streben als nächsten Schritt einen Anteil von 30 Prozent in 2030 an.«[14]

Das 40-Prozent-Ziel unserer ehemaligen Arbeitsministerin von der Leyen steht also auch nach über zehn Jahren immer noch in den Sternen. Jedenfalls in den Mercedes-Sternen. Zieht man alle deutschen Unternehmen in Betracht, sind wir laut Statistischem Bundesamt deutschlandweit schon etwas weiter: »Knapp jede dritte Führungskraft (28,9 Prozent) war 2022 weiblich.«[15] Trotzdem: nicht einmal ein Drittel! Das ist zu wenig.

Frage: Wären wir mit der Nachhaltigkeit am Wirtschaftsstandort Deutschland weiter, wenn wir mit dem Frauenanteil in deutschen Unternehmen weiter wären? Das möchte ich zur Diskussion stellen. Ich behaupte, ja.

Nachhaltigkeit – ein Generationenthema?

Neben der Frage, ob Nachhaltigkeit ein Geschlechterthema ist, stellt sich auch die Frage, ob Nachhaltigkeit ein Generationenthema ist. Die Zahlen geben Hoffnung, dass sich über die kommende Generation die ökologische Lücke schließen, zumindest verkleinern, wird. »Sechs von zehn (65 Prozent) Gen Z und Millennials ist es wichtig, dass die Marken, von denen sie kaufen, sich für Nachhaltigkeit einsetzen.«[16] Diese erfreuliche Entwicklung würde sich mit den Erwartungen an die jungen Start-ups decken beziehungsweise sich mit deren Haltung deutlich überschneiden, neue, nachhaltig produzierte Produkte entwickeln und auf den Markt bringen zu wollen.

Wo ein Wille ist, ist auch ein Weg zur Nachhaltigkeit

Als Mutmacher ist mir daran gelegen, dieses Kapitel zu einem versöhnlichen, positiven Abschluss zu bringen. Mut ist die Schlüssel-Energie, die es braucht, wenn wir etwas verändern wollen. Auf den ersten Seiten dieses Kapitels habe ich über Ressourcen gesprochen, die wir als Menschen brauchen und leider auch oft genug rücksichtslos verbrauchen. Wir bekommen sie von Mutter Erde geschenkt. Wir sollten ihr mehr Respekt erweisen.

Mut ist dagegen eine Ressource, die in uns steckt beziehungsweise die wir selbst produzieren können. Das Wunderbare an der Ressource Mut ist, dass sie uns quasi unendlich zur Verfügung steht, dass wir sie selbst erzeugen, ohne etwas dabei zu zerstören. Mut ist auch die entscheidende Schlüssel-Energie, wenn wir das Thema Nachhaltigkeit zum Besseren wenden wollen. Dass es immer einige Vormacher geben muss, die mutig vorangehen, sollen die folgenden Beispiele zeigen.

Erstes Beispiel: Berlin. Das New-Work-Magazin *Neue Narrative* hat sich verantwortungsbewusstes Wirtschaften ins Stammbuch geschrieben. Denn die Gesamtverantwortlichen des Magazins, Lena Marbacher, Sebastian Klein, Martin Wiens, Taraneh Taheri, Emma Marx, Paul Fenski und Dominik Wagner, wollen die folgenden Generationen und die Umwelt im Blick behalten. Die erste Ausgabe ihres Magazins erschien im Dezember 2017; zunächst auf Papier. Mitte 2020 nahmen sie die Printausgabe deutschlandweit aus allen Kiosken und Buchhandlungen. Der Grund war, dass von den 5000 Magazinen, die sie pro Ausgabe in den Handel gebracht hatten, 3300 zurückgeschickt wurden und entsorgt werden mussten. Aber wenn sie etwas nicht wollten, dann für den Mülleimer zu produzieren oder gar den Planeten zu belasten. Wie sie selbst sagen, passte das nicht zu ihrem Purpose. Sie wollen eine Wirtschaft gestalten, die unseren Planeten nicht zerstört. Deshalb entschieden sie, sich aus dem Kioskgeschäft zurückzuziehen und den Vertrieb neu zu denken. Ein mutiger Schritt. Denn am Kiosk kamen jeden Tag viele Menschen mit ihrem Magazin in Kontakt, die *Neue Narrative* sonst wohl niemals entdeckt hätten. Um diesen Effekt einzufangen, bauten sie einen eigenen Online-Kiosk, in dem sie sogar Ausgaben verschenkten. Die Alternative zum analogen Kiosk funktioniert so: Die NN Publishing GmbH druckt nur noch so viel Magazine, wie sie wirklich braucht, um alle Leserinnen und Leser zu versorgen. Am Ende bleiben keine Magazine übrig. So werden Ressourcen geschont – beginnend bei der Energie bis zu den Finanzen. Die Rechnung ist einfach: Sie schauen sich ihre aktuellen Abozahlen an und rechnen darauf noch einen Puffer, um auch alle Neu-Abonnenten noch versorgen zu können. Die aktuelle Printausgabe des Magazins bekommen immer ausschließlich Abonnenten. Wenn Magazine trotzdem übrigbleiben, werden sie drei Monate später in den Online-Shop gestellt, damit sie auch diese Exemplare nicht wegschmeißen müssen.

Zweites Beispiel: Brandenburg. In der kleinen Ortschaft Nechlin im Uckerland kann man seit einigen Jahren mehrere Projekte zur Förderung von erneuerbaren Energien unter Bürgerbeteiligung entdecken. Falls man Wind davon bekommt. Also von Nechlin. Als besonders innovativ gilt die Nechliner Windspeicherheizung. Windspeicherheizung? Nie gehört? Mir ging es genauso. An den Start ging das Projekt im Jahr 2019 im Rahmen des Pilotprojekts WindNODE, was wiederum Teil des Förderprogramms »Schaufenster intelligente Energie – Digitale Agenda für die Energiewende« des Bundesministeriums für Wirtschaft und Energie war. Errichtet wurde die Speicheranlage von der Firma ENERTRAG aus dem brandenburgischen Schenkenberg. Die Windspeicherheizung funktioniert in Kombination mit den Windenergieanlagen, die sich rund um Nechlin befinden und insgesamt etwa 70 Millionen Kilowattstunden Strom im Jahr produzieren. Wegen fehlender Netzkapazität kann der Strom an sehr windigen Tagen nicht vollständig ins Netz eingespeist werden. In dieser Zeit sorgt die Windspeicherheizung dafür, dass der Strom Nechlin mit Wärme versorgt. Der Strom, der über eine Direktleitung zur Windspeicherheizung geleitet wird, wird direkt im Dorf zu Wärme umgewandelt und in der Windspeicherheizung bereitgehalten und nach Bedarf abgerufen. Das Projekt ist ein praktisches Beispiel für die Kopplung der Energieformen Strom und Wärme und kann als Vorbild für viele weitere, in der Nähe von Windenergieanlagen befindliche Kommunen und Städte dienen. Falls man Wind davon bekommt. Dass Ökosysteme auf der ganzen Welt unter der Erwärmung des Klimas leiden, muss man hier kaum noch erwähnen. Auch, dass die verschiedensten Wirtschaftssektoren unterschiedlich stark zu diesem Problem beitragen. Einer der Sektoren ist der Gebäudesektor, der in Deutschland für rund 25 Prozent der CO_2-Emissionen und für rund 30 Prozent des Endenergieverbrauchs verantwortlich ist.

In der kleine Ortschaft Nechlin mit rund 130 Einwohnern können durch die lokale Wärmeversorgung mit einer Windspeicherheizung im Vergleich zur Nutzung von Ölheizung in den einzelnen Gebäuden pro Jahr 20 Tonnen CO_2 eingespart werden. Windspeicherheizungen könnten also einen großen Beitrag zum Klimaschutz leisten. Und zwar in allen Regionen Deutschlands, in denen Windenergieanlagen verbreitet sind und Netzengpässe auftreten.

Drittes Beispiel: international, weil an wechselnden Wirkungsstätten möglich. Worum geht es? Es geht um Musik und um Tourneen. Bei ihren Auftritten sorgen Musik-Weltstars nicht nur für gigantische Unterhaltung, sondern auch für massenhaften Ausstoß von CO_2. Das klingt nicht gut. Den Strom bei Auftritten in Stadien und Arenen erzeugen in der Regel Dieselmotoren. Seit geraumer Zeit versucht die Band Coldplay das Konzertbusiness umweltfreundlicher zu gestalten. Es ist ein Anfang. Die ersten Ergebnisse klingen schon mal vielversprechend. Das »Sustainability Update« der Band kann jeder jederzeit auf der Coldplay-Website checken. In einem »Statement« aus dem Juni 2023 zieht die Band dort erstmalig Bilanz. Auf ihrer zwölf Monate dauernden Tour hätten sie im Vergleich zur Tournee 2016/17 den Kohlendioxid-Ausstoß um 47 Prozent gesenkt. Blicken wir zurück:

»Als die britische Band Coldplay 2019 ein neues Album veröffentlichte, verkündete sie, nicht wie üblich mit den neuen Songs auf Tournee gehen zu wollen. Das war schon deshalb verblüffend, weil Künstler in dieser Liga weit mehr als 70 Prozent ihrer Einnahmen eben nicht durch Streaming, sondern mit Konzerten erzielen. Ebenso bemerkenswert war der Grund, den die Gruppe angab: Solche Großevents seien extrem umweltschädlich. Und man werde erst wieder loslegen, wenn man in der Lage sei, die Emissionen gegenüber der Tournee von 2016/17 um 50 Prozent zu senken. […] Der Clou der Konzerte sind […] Power Bikes, auf denen Fans Energie fürs Konzert erstrampeln können. Und dann ist da noch der kinetische Stadionboden, der das Hüpfen des Publikums in Energie umwandelt, die wiederum in einer wiederaufladbaren Showbatterie gespeichert wird.«[17]

Wie gesagt: Es ist erst ein Anfang, aber einer, der vielleicht auch anderen Showgrößen klarmacht, wo die Musik der Zukunft spielt – in der *Nachhaltigkeit*.

Viertes Beispiel: Bayern. Ein Landmensch aus Leidenschaft wollte etwas Neues ausprobieren und gleichzeitig nachhaltig wirtschaften. Ein gewagtes Experiment. Denn erstens ging es um Kümmel, also um eine Kulturpflanze, die hierzulande fast in Vergessenheit geraten ist. Nicht Bayern, sondern Bhutan, Pakistan, Nepal, Tschechien, Ungarn, Litauen, die Ukraine und Ägypten gehören traditionell zu den Ursprungsländern von Kümmel. Aber Kümmelsamen aus Bayern? Das war mutig. Und zweitens wollte der Mann aus den bayerischen Landen aus der Region für die Region produzieren. Denn nur so würde sich sein Anspruch, nachhaltig zu wirtschaften, realisieren lassen. Aber würde er genug helfende Hände vor der eigenen Haustüre finden? Wo würde er beispielsweise die passenden Geräte und Maschinen für die Ernte, Trocknung und Reinigung herbekommen? Und dann war da natürlich auch noch die Frage: Was macht man nach der Ernte eigentlich mit Kümmelmengen, die deutlich über den Hausgebrauch hinaus gehen? Der bayerische Landmensch wollte ja aus der Region für die Region produzieren. Dabei war ihm nicht nur wichtig, die alte Gewürzpflanze wieder heimisch zu machen, sondern grundsätzlich für regionale Produkte zu werben. »Bei Lebensmitteln liegt immer noch der Fokus auf dem Preis anstatt auf verantwortungsvollem, regionalem und nachhaltigem Konsum.«

Machen wir es kurz: Bis der Kümmel aus Bayern im duftenden Brot oder köstlichen Krautsalat landete, galt es einige Herausforderung zu meistern. Aber es nahm ein gutes Ende. Das Feld wurde abgeerntet, die duftenden Kümmelsamen getrocknet, gereinigt und schließlich sauber verpackt. Und in einigen Betrieben in Deutschland und Österreich stehen nun in Backstuben und in Küchen von Sternerestaurants die Tüten mit dem bayerischen

Kümmel seitdem im Vorratsregal und geben den Broten und Gerichten das gewisse Etwas. Sogar ein spezielles Brotrezept wurde entwickelt: der Brandmeier Kümmellaib, nach einer Idee der Rezeptredakteurin Irmi Rumberger.

»Die größte Herausforderung war für mich die Saat, der Anbau des Kümmels«, so der Visionär, »vor allem das extrem geringe Gewicht der Samen. Tausend Kümmelsamen wiegen weniger als 4 Gramm. Wie bekomme ich die richtige Menge der Samen auf die Fläche verteilt, ohne dass mir alles um die Ohren fliegt?«

Und wir sprechen hier nicht von klein und groß, sondern vom Zehntelmillimeter-Bereich in den technischen Einstellungen der Sämaschine. Es sei ein Experiment gewesen, sagt er. Und für den Moment wolle er es auch dabei belassen. Er hatte beweisen wollen, dass sich Kümmel auch in seiner Region erwirtschaften ließe. Sowohl klimatisch als auch auf kurzen und sehr kurzen Wegen in Bezug auf den Produktionsprozess. Hauptberuflich werde Kümmel für ihn keine Rolle spielen. Schließlich habe er schon einen Beruf, der ihn ernähre. Er sei Kommunikationsexperte, Autor, Speaker und Mutmacher. Im Kapitel »Zurück zu den Wurzeln – Nachhaltigkeit machen und vormachen« können Sie noch mehr über ihn erfahren.

Ich könnte hier noch weitere inspirierende und Mut machende »grüne« Beispiele skizzieren. Das würde jedoch den Rahmen dieses Buches sprengen. Daher ist mir wichtig, Ihnen kurz noch einen Hinweis mit auf den weiteren Leseweg zu geben: Eine umfangreiche Zusammenstellung »Guter Beispiele für nachhaltiges, sozial-ökologisches Wirtschaften in planetaren Grenzen«[18] findet man in gleichnamiger Veröffentlichung des World Wildlife Fund Deutschland, aus dem Dezember 2020. Der WWF hat sich seinerzeit zusammen mit dem Institut für ökologische Wirtschaftsforschung auf die Suche nach guten sozialökologischen Wirtschaftslösungen mit Vorbildfunktion gemacht. Dieses Ideen- und Projektfeuerwerk sollten Sie sich nicht entgehen lassen.

WIR KOMMUNIZIEREN MIT DER ZUKUNFT UND NEHMEN MIT!

Fünf Take-aways, die auf dem Weg zur Nachhaltigkeit Orientierung geben:

- Jedes Wort hat Wurzeln. Machen Sie sich die ursprüngliche Bedeutung des Wortes Nachhaltigkeit bewusst, und lernen Sie so den Wert dieses Begriffes (wieder) zu schätzen.
- Setzen Sie den Begriff umsichtig und gezielt ein. Sprechen Sie von Nachhaltigkeit nur, wenn etwas wirklich das Label »nachhaltig« verdient.
- Machen Sie hundertprozentig transparent, was Sie mit Nachhaltigkeit meinen. Arbeiten Sie an Ihrer eigenen Glaubwürdigkeit. Gefährden Sie nicht den Vertrauensvorschuss, den man bereit war, Ihnen zu geben.
- Glauben und vertrauen Sie keinem Label, das Sie nicht selbst entwickelt haben. Und wenn Sie ehrlich zu sich selbst sein wollen: Hinterfragen Sie auch Ihre eigenen Labels kritisch.
- Glauben Sie niemals, dass Kundinnen oder Kunden sich nicht auskennen. Kunden beim Thema Nachhaltigkeit übervorteilen zu wollen, ist ein Fehler. Google macht alles gläsern.

GREENWASHING – UNSAUBERE GESCHÄFTE AUF KOSTEN DER UMWELT

Ich weiß nicht, ob der Bogen vom Mars auf die Erde, den ich hier spanne, zu weit ist. Aber egal. Sehr lange glaubte man, grüne Männchen existierten nur auf dem Mars. Seit einigen Jahren kann man da nicht mehr so sicher sein. Einige Formen kommen inzwischen auch bei uns vor. Es sind Erdlinge, die in Unternehmen dafür verantwortlich sind, dass eben diese Unternehmen, für die sie tätig sind, ein grünes Image erlangen. Ich nenne sie pseudo-grüne Männchen. Denn es ist ihnen voll bewusst, dass der grüne Anstrich, für den sie sorgen, nur äußerlich echt ist. Unter der grünen Oberfläche sieht es dagegen grau aus. Außen hui und innen pfui. Diese Grünfärberei hat auch einen Namen: Greenwashing. Der Begriff hat es längst in *Gablers Wirtschaftslexikon* geschafft. Dort heißt es:

> »Greenwashing bezeichnet den Versuch von Organisationen, durch Kommunikation, Marketing und Einzelmaßnahmen ein ›grünes Image‹ zu erlangen, ohne entsprechende Maßnahmen im operativen Geschäft systematisch verankert zu haben. Bezog sich der Begriff ursprünglich auf eine suggerierte Umweltfreundlichkeit, findet dieser mittlerweile auch für suggerierte Unternehmensverantwortung Verwendung.«[1]

Was bedeutet das? Dass uns die Umweltfreundlichkeit und die damit verbundene unternehmerische Verantwortung nur vorgemacht werden. Dieses suggestive Verhalten eines Unternehmens oder einer Organisation zielt darauf ab, in der Öffentlichkeit einen bestimmten (natürlich guten) Eindruck entstehen zu lassen, der jedoch nicht den Tatsachen entspricht. Durch gezielte Kampagnen und PR-Aktionen soll bei Kunden, Verbrauchern, Käufern, Verwendern, aber auch Lieferanten, Händlern und Medien der Eindruck entstehen, dass Produkte, Dienstleistungen und Prozesse im betreffenden Unternehmen umweltfreundlich, fair und ethisch korrekt seien. Mit anderen Worten: alles im grünen Bereich. Interessant ist, dass Greenwashing als Phänomen eigentlich nur bei Unternehmen festzustellen ist, deren Produkte oder Produktionsweise negative Auswirkungen auf Umwelt und Gesellschaft haben. Andererseits ist das aber auch wieder einleuchtend. Denn Greenwashing muss man ja auch nur dann betreiben, wenn man etwas zu »waschen« hat, was nicht sauber ist.

Um von ihrem unsauberen Business abzulenken, stellen diese pseudogrünen Unternehmen oft marginale Teilaspekte in den Fokus ihrer Kommunikation – teilweise mit erheblichem Aufwand. Indem sie die Aufmerksamkeit mit viel Trommelwirbel auf »grüne« Kleinigkeiten lenken, versuchen sie zu beweisen, dass sie als Unternehmen verantwortungsbewusst handeln. Allerdings sollte bei uns hier die rote Lampe angehen. Ich werde in diesem Kapitel daher eine ganze Reihe an Beispielen präsentieren, wo Greenwashing im Spiel ist.

Vergewissern wir uns zunächst noch einmal kurz, was Nachhaltigkeit in der Wirtschaft bedeutet, und schlagen wir dazu beim Bundesministerium für wirtschaftliche Zusammenarbeit und Entwicklung nach.

> »Nachhaltigkeit oder nachhaltige Entwicklung bedeutet, dass die Bedürfnisse der Gegenwart so befriedigt werden, dass die Möglichkeiten zukünftiger Generationen nicht eingeschränkt werden. Dabei ist es wichtig, die drei Dimensionen der Nachhaltigkeit – wirtschaftlich effizient, sozial gerecht, ökologisch tragfähig – gleichberechtigt zu betrachten. Um die globalen Ressourcen langfristig zu erhalten, sollte Nachhaltigkeit die Grundlage aller politischen Entscheidungen sein.«[2]

Festgeschrieben hat dies die Weltgemeinschaft übrigens bereits auf dem Weltklimagipfel von Rio 1992. Seit jenem »Earth Summit« – wie die UN-Konferenz für Umwelt und Entwicklung offiziell heißt – vor über dreißig Jahren ist nachhaltige Entwicklung als globales Leitprinzip somit international akzeptiert. Spätestens mit diesem Datum war der Begriff aus dem

Wald in der Wirtschaft angekommen. Leider wissen das auch nicht nachhaltig agierende Unternehmen und Organisationen für sich zu nutzen. Man kann es freundlich als Mogelpackung bezeichnen, wenn in der »grünen« Verpackung nur heiße Luft steckt. Man kann das Kind allerdings auch beim Namen nennen: Betrug. »Um herauszufinden, ob es ein Unternehmen wirklich ernst meint mit der Nachhaltigkeit, hilft es, sich bewusst zu sein, dass es Greenwashing überhaupt gibt und dass es viele Unternehmen anwenden. Schärfe dein Auge, hinterfrage Aussagen. Die Website kann dafür die erste Anlaufstelle sein.«[3] Dazu rät etwa Kununu, die österreichische Online-Plattform für Arbeitgeberbewertungen. Dem schließe ich mich an.

Greenwashing für die weiße Weste

Wo intensives Greenwashing betrieben wird, dort geht es weder umweltbewusst noch umweltfreundlich zu. Greenwasher wollen der Öffentlichkeit lediglich etwas weismachen. Sie wissen, dass ein grünes Label auf dem Angebot sehr gut ankommt und somit gut für die Nachfrage ist. Es geht ihnen um ökonomisches Wachstum, nicht um ökologische Werte. Und so geht es in so mancher Unternehmenskommunikation nicht um die Wahrheit, sondern um Glaubwürdigkeit. Inzwischen ist sogar nachhaltiges Fliegen möglich. Jedenfalls in der Welt der Werbung. Wer's glaubt. Ich habe mir dazu einmal ein großes deutsches Luftverkehrsunternehmen näher angeschaut. Wenn ich mit dieser Airline zum Beispiel nach Teneriffa fliege, kann ich statt des Economy-Classic-Fluges für nur 25 Euro mehr den »Economy-Green-Tarif« auswählen. Dann wird das Flugzeug nämlich mit »Sustainable Aviation Fuel« betankt. Das sei – wie man auf der Website dieses großen deutschen Luftverkehrsunternehmens nachlesen kann – ein nachhaltigerer Flugkraftstoff, der die individuell flugbezogenen CO_2-Emissionen um 20 Prozent reduziere. Die verbleibenden 80 Prozent der CO_2-Emissionen würden kompensiert, indem das Unternehmen einen Beitrag in Klimaschutzprojekte investiere.[4] Für mich persönlich das Beste daran ist: Ich bekomme Status- und Prämienmeilen für den nächsten Flug gutgeschrieben. Ich kann also mit gutem Gewissen noch mehr fliegen, denn dadurch spare ich ja CO_2 ein. Ich habe mal hochgerechnet: Wenn ich fünfmal zum »Economy-Green-Tarif« fliege, und jedes Mal 20 Prozent an CO_2-Emissionen einspare, lande ich rechnerisch bei 100 Prozent und bin quasi völlig CO_2-frei geflogen.

Bleiben wir beim Fliegen – aber am Boden. Der Hamburg Airport wirbt damit, dass er klimaneutral sei. Schon seit 2021 wirtschafte man mit Erfolg auf Netto-Null-Niveau. Null Kohlendioxid? Vielleicht fragen Sie sich, wie das geht. Ich habe auch hier ganz genau draufgeschaut. Es ist überraschend einfach: In die Berechnung fließen die Flüge nicht mit ein. Das Fliegen fliegt sozusagen raus. Das ist genial. Darauf muss man als Flughafen erst einmal kommen. Bis 2035 will der Hamburger Flughafen sogar emissionsfrei sein, und zwar als erster deutscher Airport. Klimaneutralität gilt unter Experten übrigens als die am wenigsten ambitionierte Neutralitätsform. Klingt aber gut. Und darum wird's gemacht.

Mit dem Anschein von Nachhaltigkeit den Umsatz zu pushen, ohne dabei wirklich etwas für die Umwelt zu tun, scheint sehr beliebt zu sein. Bereits 2020 hat das eine Untersuchung der EU-Kommission ergeben. In ihrem Bericht wurden 53,3 Prozent der geprüften Umweltaussagen in der EU als vage, irreführend oder unfundiert bezeichnet, und 40 Prozent waren gänzlich unbelegt.[5] Dabei gibt es Vorgaben, die irreführende Umweltaussagen verhindern sollen. Demnach müssen Unternehmen, die freiwillige Umweltaussagen über ihre Produkte oder Dienstleistungen machen, Mindeststandards einhalten. Offensichtlich ein zahnloser Tiger. Vorgaben sind eben keine Vorschriften und schon gar keine Gesetze. Da es in der EU bis heute keine Gesetze oder zumindest gemeinsame Vorschriften zu freiwilligen Umweltaussagen, sogenannten Green Claims, von Unternehmen gibt, kommt es zu Greenwashing. Die Folge: Es entstehen ungleiche Wettbewerbsbedingungen auf dem EU-Markt. Und ehrlich nachhaltig wirtschaftende Unternehmen werden benachteiligt.

Solange das so ist, müssen pseudo-grüne Unternehmen einfach nur tief in die Psychokiste greifen, um sich in unserer grünen Wahrnehmung ganz nach oben zu bringen. Psychokiste heißt: Um zu belegen, dass man der Umwelt gegenüber verantwortungsvoll agiert, braucht es nicht einmal rationale Argumente. Das Phänomen nennt man »Elaboration Likelihood Model«. Es ist ein von Richard E. Petty und John T. Cacioppo im Jahre 1986 entwickeltes

Modell in der Sozialpsychologie. Petty ist ein US-amerikanischer Psychologe und Cacioppo war Sozialwissenschaftler. Mit ihrem »Elaboration Likelihood Model« lässt sich zum Beispiel beschreiben, wie Werbung auf Menschen wirkt. Man muss dazu nur wissen, dass es exakt zwei Wege in unsere Gehirne gibt: einmal den über direkte Informationen. In der Autowerbung funktioniert der beispielsweise so: Der Wagen verbraucht 50 Prozent weniger auf 100 Kilometer und ist deutlich umweltfreundlicher. Zum anderen gibt es den Weg über unterschwellige Botschaften. Der Vorteil der Suggestion ist, dass es hier überhaupt nicht auf Fakten ankommt. Es reicht zum Beispiel völlig aus, wenn ein Auto in einem Werbespot durch die grüne Natur cruist. Ein Auto im Grünen? Das Auto muss nachhaltig sein. Dermaßen »Inspired by Nature« fällt uns gar nicht auf, dass uns beim Ansehen des Spots keine einzige handfeste Information über Nachhaltigkeit gegeben wird. Wir halten das Produkt trotzdem für umweltfreundlich, weil uns das erfolgreich eingetrichtert wurde. Unser Gehirn ist einfach unglaublich bequem. Es nimmt generell am liebsten den Weg des geringsten Widerstandes oder eine Abkürzung und denkt darüber hinaus gerne in Schubladen. Ein Auto in grüner Landschaft? Ergo: Autofahren ist nachhaltig. Das ist menschliche Informationsverarbeitung, wie es den Unternehmen und ihren Werbeprofis gefällt.

Wer Faktisches über das »Elaboration Likelihood Model« erfahren möchte, wird im Netz fündig. Quellen gibt es genug. Darin kann man eintauchen und nachlesen, wie dieses Prozessmodell funktioniert. Für mich als Mensch mit einer besonderen Antenne für Kommunikation ist daran vor allem eines interessant: Im Kern geht es beim »Elaboration Likelihood Model« um die sogenannte persuasive Kommunikation. Einfach gesagt geht es um Überredungskunst. Daher der lateinische Begriff *persuadere* (überreden). Das Ziel persuasiver Kommunikation ist das Beeinflussen des Kommunikationspartners. In erster Linie sollen beim Empfänger suggestiver Botschaften Einstellungsänderungen erreicht werden. Um einen echten Informationsaustausch oder eine Verständigung geht es dabei überhaupt nicht. Und darum lässt unser simpel gestricktes Gehirn leider auch immer wieder grün gewaschene Werbe- und PR-Botschaften durchgehen. Es lässt sich einfach viel zu leicht überreden.

Vorsicht vor »klimaneutral«

Bei vertrauenserweckenden CO_2-Zertifikaten sollten Sie hellhörig werden, denn Vertrauen und CO_2-Zertifikate – das passt eigentlich nicht so richtig zusammen. Bei CO_2-Zertifikaten geht es meist um vermeintlich klimaneutrale Produkte. Ich tue jetzt einfach mal so, als sei ich ein Zertifikatehändler und erkläre Ihnen das Prinzip: Ein Unternehmen, das etwas produziert, kauft Zertifikate, also Anteile an Umweltprojekten. Beteiligt sich ein Unternehmen mittels Zertifikaten an einem Umweltprojekt, soll durch dieses Umweltprojekt so viel CO_2 gebunden werden, wie das Unternehmen bei der Herstellung seiner Produkte verursacht. Das Umweltprojekt soll also kompensieren, was das Unternehmen an CO_2 in die Luft bläst. So der Plan. CO_2-Kompensation läuft über verschiedene Umweltprojekte. Oft spielen Waldprojekte eine Rolle. Bäume nehmen bekanntlich Kohlendioxid auf. Grundsätzlich scheinen Waldprojekte eine gute Idee zu sein. Bei Waldprojekten im Kontext mit CO_2-Zertifikaten geht es jedoch nicht um Aufforstung, sondern um den Schutz eines bereits bestehenden Waldes. Neue Bäume werden jedoch nicht gepflanzt.

Die Firma HiPP, die von sich selbst sagt, dass sie »für das Wertvollste im Leben« stehe, hat zum Beispiel ein Waldschutzprojekt in Simbabwe, mit dem sie ihren CO_2-Ausstoß kompensiert. Laut HiPP-Website führe dieses Engagement zu erheblichen CO_2-Einsparungen. Allein in Simbabwe spare man so jährlich 3,5 Millionen Tonnen CO_2 ein.[6] HiPP-Gläschen kennt fast jedes Kleinkind. Denn HiPP ist vor allem bei jungen Eltern hip (sorry, dieser Kalauer musste sein). HiPP-Eltern greifen schon seit Generationen (genau seit 1932) zu den Gläschen mit der Säuglingsnahrung. Jetzt zur Sache: HiPP ist nicht einfach klimaneutral. Nein, HiPP produziert klimapositiv. Das kann jeder jederzeit (Stand Januar 2024) auf der Website von HiPP schwarz auf grün nachlesen. Klimapositiv soll heißen, dass die Natur mehr zurückbekommt, als wir ihr nehmen. Das wäre dann Nachhaltigkeit. Eigenen Angaben zufolge kompensiert HiPP seine Treibhausgase nicht nur, sondern reduziert sie auch, zum Beispiel durch Ökostrom. Klimapositiv nennt sich das Unternehmen, weil es mehr kompensiert, als durch die Produktion ausgestoßen wird. Aber Achtung: Mit der Kompensation ist das so eine Sache. Denn Kompensieren bedeutet nicht Reduzieren.

Treibhausgase entstehen bei der Produktion weiterhin. Grün gewaschene Geschichten befeuern aber leider den Mythos, dass wir weiter wie gehabt konsumieren können und dabei noch irgendwie die Welt retten.

Mittlerweile hat HiPP auf Medienanfragen reagiert und informiert dazu auf der Website (Stand Januar 2024), dass die »Klimapositiv-Information« auf den Gläschen verschwinden solle:

> »Daher haben wir uns dazu entschlossen und auch in den Medien dazu berichtet, auf Klima-Auslobungen auf allen HiPP Produkten zu verzichten. [...] Jedoch: Aufgrund unserer langfristig ausgelegten Beschaffungsprozesse haben wir derzeit noch relevante Mengen an Gläschendeckeln und -trays mit Klima-Auslobung vorrätig. Als nachhaltig handelndes Unternehmen werden wir diese Verpackungselemente aus wertvollen und teils knappen Rohstoffen aufbrauchen.«[7]

Das ist immerhin positiv. Schauen wir uns noch ein paar andere CO_2-Kompensierer an, die mit Zertifikaten arbeiten:

> »Es gibt kaum noch ein Unternehmen, das sein Engagement im Kampf gegen die Erderhitzung nicht hervorstreicht. Die Österreichische Post stellt laut Eigenangaben innerhalb Österreichs ›CO_2-neutral‹ zu. Die Kaffeekapseln des Lebensmittelkonzerns Nestlé sind seit heuer ›klimaneutral‹. Die Marke PPURA des Drogeriemarktes DM teilt sich mit HiPP die Ehre, ›klimapositiv‹ zu sein. Selbst der Flughafen Wien-Schwechat wird ab heuer ›klimaneutral‹ funktionieren [Das kommt mir bekannt vor: nur der Flughafen, nicht die dazugehörigen Flugzeuge!]. Man verliert beinahe den Überblick vor lauter Klimaschutzansagen, die einem in der Produkt- und Dienstleistungswelt um die Ohren geschmissen werden.«[8]

»Wie Konzerne mit dem Klimaschutz tricksen können«[9], haben *heute* und *frontal* vom *ZDF* gecheckt und am 25. November 2023 online in ihren »zdfheute-stories« öffentlich gemacht. Bei den Themen Auto und Energie haben die *ZDF*-Checker beispielsweise Folgendes herausgefunden: Volkswagen, nach Umsatz der größte Autokonzern der Welt, war im Jahr 2022 für 0,75 Prozent aller weltweiten Treibhausgasemissionen verantwortlich. Volkswagen bewirbt bereits heute einzelne Elektroautos als »bilanziell klimaneutral« und will bis 2050 bilanziell CO_2-neutral sein.

Der kommunale Energieversorger Entega ist für rund 2,5 Millionen Tonnen CO_2-Emission pro Jahr verantwortlich und vermarktet bereits heute Gas als klimaneutral. Entega will bis spätestens 2045 vollständig klimaneutral werden.

Beide Konzerne werben mit dem Versprechen, ihren Beitrag zu leisten, den menschengemachten Klimawandel einzudämmen – Kunden könnten mit gutem Klimagewissen konsumieren. Die Behauptungen der Konzerne stützen sich alle auf den Kauf von CO_2-Zertifikaten auf dem freiwilligen Kompensationsmarkt. »Ein System, das viel verspricht – doch kaum etwas einhält«[10], meinen dazu die *ZDF*-Redakteure.

Beispiel Autoherstellung: Entstehen bei der Produktion eines Autos 100 Tonnen CO_2, kann ein Unternehmen ein Fahrzeug bislang als klimaneutral bewerben, wenn es 100 CO_2-Zertifikate kauft. Wie weiter oben schon deutlich gemacht: Die Produktion eines Autos produziert dennoch weiter Treibhausgase, auch wenn diese kompensiert werden. Kompensation bedeutet nicht Reduktion!

Die *ZDF*-Checker waren wohl besonders skeptisch und haben sich ein typisches Waldprojekt in Brasilien im Bundesstaat Para näher angeschaut. Sie recherchierten vor Ort. Ich betone, dass ich hier wiedergebe, was die Recherchen von *heute* und *frontal* ergeben haben:

> »Im Wald von Para wurden seit Projektstart angeblich rund zehn Mio. Tonnen CO_2 eingespart. So viele Zertifikate wurden aus dem Waldschutzprojekt bereits auf den Markt gebracht. Zu Beginn des Projekts wird eine sogenannte Baseline festgelegt, die Grundlage anschließender Berechnungen. Dabei wird angenommen, dass ein bestimmter Anteil des Waldes vernichtet wird – beispielsweise durch Abholzung [Man nimmt ein Referenzgebiet, in dem Abholzung stattfand, und stellt das Projektgebiet daneben und kann so hypothetisch berechnen, wie viel im Projektgebiet abgeholzt würde, wenn es nicht durch ein Waldschutzprojekt – finanziert mit dem Verkauf von CO_2-Zertifikaten – geschützt würde]. Ist die Abholzung dann geringer als in der Baseline vorhergesagt, wurde durch das Waldschutzprojekt CO_2 eingespart – das nun als CO_2-Zertifikat verkauft werden kann. Soweit die Theorie. Ein internationales Forscherteam hat die Baseline mehrerer Waldschutzprojekte untersucht – unter anderem das Schutzprojekt in Para. Das Ergebnis: Die Baseline ist viel zu hoch angesetzt – und müsste eigentlich viel niedriger liegen. Im Klartext: Bei diesem Waldschutzprojekt wurden Zertifikate

> verkauft, die es nie hätte geben dürfen. [Kein einzelnes, sondern] ein globales Problem: Das Forscherteam fand heraus, dass bei über 90 Prozent der untersuchten Waldschutzprojekte gar kein CO_2 eingespart wird. Die zu hoch angesetzte Baseline ist für die Projektbetreiber lukrativ: Wenn sie mit deutlich mehr Abholzung rechnen, als realistisch betrachtet passieren wird, können sie auch Wald als ›geschützt‹ verkaufen, der ohnehin nicht angetastet worden wäre – und so mehr Zertifikate verkaufen. ZDF-Recherchen zeigen: In vielen Projektregionen kommt es trotzdem zu massiver Entwaldung – in manchen sogar stärker als zuvor. Betroffen sind auch Projekte, von denen etwa [...] VW Zertifikate gekauft hat. Das zeigen Satellitendaten der Firma AlliedOffsets, die das ZDF ausgewertet hat.«[11]

Wenn Sie jetzt denken: ›Das ist ja alles ganz furchtbar.‹ Lassen Sie den Mut nicht sinken. Jammern angesichts der bösen Welt, bringt gar nichts. Nehmen wir es als Ansporn, die Welt besser zu machen. Nein, wir lassen uns nicht runterziehen! Lassen wir uns lieber inspirieren. Inspiration finden wir zum Beispiel in der Philosophie. Keine Angst, ich will hier kein Philosophieseminar abhalten. Da sind andere gefragt. Aber welche Wissenschaftsdisziplin sollte sich besser eignen als die Philosophie, wenn es darum geht, das Leben und das menschliche Dasein zu ergründen, zu deuten und zu verstehen? Die Philosophie vermittelt uns die Fähigkeit, uns innerlich zu ordnen, um unseren Willen ausdrücken und gemäß unserem Willen handeln zu können. Einer unserer größten Philosophen, Immanuel Kant, hat uns als ein zentrales Ergebnis seiner Reflexionen vier Fragen hinterlassen, die uns helfen können, aus dem Schlamassel herauszufinden. Er richtet sich dabei an alle Menschen – an die Menschheit. Heute lassen sich die vielfältigen Herausforderungen, denen sich auch Unternehmen stellen müssen, wunderbar an diesen vier Fragen aufzeigen. Eine will ich herausgreifen. Kant hat gefragt: »Was soll ich tun?« Ich will hier ausschließlich diese zweite Frage seiner Definition betrachten, um meine kleine philosophische Betrachtung nicht ausufern zu lassen. Auch Kant hat sich ja beschränkt; und zwar auf vier Fragen. Und er hat sich dabei etwas gedacht: Er wollte damit eingrenzen, worum es im Wesentlichen in der Philosophie geht. Der Vollständigkeit halber, hier die vier Kant'schen Fragen:

1. Was kann ich wissen?
2. Was soll ich tun?

3. Was darf ich hoffen?
4. Was ist der Mensch?

Kant hat also nicht gefragt: »Was soll ich beklagen?«, sondern: »Was soll ich tun?« Indem er das Tun und nicht das Klagen in den Mittelpunkt gestellt hat, implizierte er, dass wir das Jammern besser lassen und lieber anfangen sollten, etwas Sinnvolles zu tun. Apropos Sinn. Etwas allgemeiner könnte man sich die Frage daher auch so stellen: »Wie soll ich handeln?« Also im ethischen Sinne. »Was soll ich wie tun, um es richtig zu machen?« – Nein, auch, wenn Sie es jetzt vielleicht erwarten: Eine Antwort auf diese Frage werden Sie von mir hier nicht bekommen. Ich kann aber Kant folgen und eine Anleitung geben, wie man die Antwort finden kann. Mir gefällt dabei an Kant, dass er die Kommunikation in den Mittelpunkt gestellt hat. In seiner Schrift *Zum ewigen Frieden*[12], in der es um Krieg und dessen Vermeidung geht, stellt er klar, dass Frieden kein natürlicher Zustand sei, sondern erarbeitet werden müsse. Er plädiert für Kooperation durch Kommunikation. Die Menschen müssten den Frieden stiften, indem sie immer wieder aufeinander zugingen. Das Thema ist heute aktueller denn je. Denn wir leben in einer Zeit, in der viel zu viele von uns verlernt haben, kultiviert miteinander zu streiten. Kultiviertes Streiten, Versöhnen und Kooperieren lautet die Anleitung zur Frage »Was soll ich tun?«.

Aus meiner Erfahrung kann ich sagen, dass man diese Anleitung auch in Unternehmen beherzigt, die heute erfolgreich sind. In die Unternehmenswelt von heute übertragen heißt erfolgreich sein: Dialog. Dialog ist Kommunikation hin zur Kooperation. Nur so kann die richtige Antwort gefunden werden, die zur besten Lösung im Sinne des Kunden führt. Nachhaltig, sozial, ethisch. Das ist kein einfacher Weg. Aber wie gesagt, Kant hat nicht gefragt: »Was soll ich klagen?« Er hat gefragt: »Was soll ich tun?« Machen wir es, wie Kant es in seiner Schrift *Zum ewigen Frieden* vorgedacht hat: kooperieren, das Gespräch suchen, Problemen nicht aus dem Weg gehen. Streiten ja, aber kultiviert und zivilisiert. Das gilt natürlich nicht nur im Krieg, sondern überall dort, wo Aufgaben erfüllt und Probleme gelöst werden müssen. In Unternehmen hat daher die Unternehmenskultur Vorrang vor Prozessen und Strukturen. Viel wichtiger sind hier Fragen wie: Wie gut funktioniert die Kommunikation unter Kollegen? Vertrauen sie einander? Wie steht es um die Offenheit, Kritik anzunehmen, und um die Bereitschaft, sich selbst zu verändern? Hat jeder den Mut, auch unangenehme Themen anzusprechen und seine möglichen Bedenken zu äußern? Es liegt in der Verantwortung der Führungskräfte, eine Kultur des Dialogs und der Kooperation zu fördern und zu fordern. Dem Despotismus zeigt Kant die rote Karte.

Ich hoffe, es ist mir gelungen, am Schluss dieses mit unschönen Inhalten gespickten Kapitels Frieden zu stiften.

WIR KOMMUNIZIEREN MIT DER ZUKUNFT UND NEHMEN MIT!

Fünf Take-aways, die auf dem Weg zur Nachhaltigkeit Orientierung geben:

- Umweltzertifikate bringen uns nicht weiter. Die Idee dahinter ist gut, aber das System lädt auch zum Missbrauch ein.
- Reduzieren Sie den Ausstoß an Treibhausgasen. Treibhausgase, die man nicht produziert, muss man auch nicht mithilfe von fragwürdigen Zertifikate-Geschäften kompensieren.
- Pseudo-Grün ist nicht grün. Und Verbraucher sind nicht dumm. Verspielen Sie nicht das Vertrauen Ihrer Kunden in Ihr Unternehmen. Sicher ist: Unternehmen brauchen Kunden, aber Kunden brauchen keine Unternehmen.
- Wecken Sie keine Erwartung, die Sie nicht erfüllen können. Glaubwürdigkeit ist ein hohes Gut. Ohne Glaubwürdigkeit gibt es kein Vertrauen und ohne Vertrauen keine Geschäfte.
- Wenn Sie Nachhaltigkeit kommunizieren wollen, dann sorgen Sie freiwillig für Transparenz im Unternehmen, auf allen Ebenen, in jedem Winkel. Zeigen Sie, dass Sie nichts zu verbergen haben. Im Gegenteil: Zeigen Sie stolz, was Sie geleistet haben.

AUF DEM HOLZWEG, ODER: AUF DER SUCHE NACH DER GROSSEN LÖSUNG

Wälder gelten heute als die große Lösung, um alle emittierten Treibhausgase auf der Welt zu kompensieren. Immer wieder wird uns daher der Wald als Retter präsentiert. Irgendein schlauer Kopf hat ausgerechnet, wie viel Fläche man mit Bäumen neu bepflanzen müsste, um die große Lösung in Gang zu bringen. Die Fläche wäre enorm groß. Man müsste die USA, Kanada, Mexiko und auch Grönland komplett bepflanzen.

Der Wald besteht bekanntlich aus unzähligen Bäumen. Die große Lösung würde in unserem Fall mit sehr, sehr vielen kleinen, winzigen Bäumchen beginnen. Bis Bäume so groß sind, um eine relevante Menge CO_2 zu kompensieren, müssen sie Jahrzehnte lang wachsen. Allerdings können Wälder zwischendurch auch abbrennen oder starken Stürmen zum Opfer fallen. Und – Überraschung – wir müssen leider davon ausgehen, dass genau das in Zukunft durch den Klimawandel öfter passieren wird. Das konnte man im Brand-Sommer 2023 leider in den USA, in Kanada, Griechenland, Portugal, Spanien, Kroatien, in der Türkei, ja, sogar in Brandenburg sehen. Dort hat es allein in jenem Sommer 244 Brände gegeben; 2022 sogar 520.

Brandenburg? Ob das ein Vorzeichen ist? Sicher nicht. Fakt ist, hohe Temperaturen mit immer längeren Phasen großer Trockenheit machen den Wald anfällig für Feuer. Die Brandursachen sind in aller Regel menschengemacht. In Deutschland führte laut Waldbrandstatistik des Bundesministeriums für Ernährung und Landwirtschaft meist »Vorsatz (Brandstiftung)« mit 36 Prozent zu Waldbränden. Gefolgt von »Sonstigen handlungsbedingten Einwirkungen« mit 11,1 Prozent. Dicht auf: »Fahrlässigkeit« mit 10,4 Prozent.

Addiert man diese Zahlen, hatte der Mensch also bei 57,5 Prozent die Hände im Spiel mit dem Feuer. Nur 0,3 Prozent der Waldbrände sind auf »Natürliche Ursachen« zurückzuführen. Die restlichen »Unbekannten Ursachen« haben ebenfalls einen großen Anteil: 42,2 Prozent. Wer hier das Feuer gelegt hat, kann man nicht eindeutig sagen.[1] Ein Schelm, wer Böses dabei denkt.

Keine Frage: Die Klimakrise stellt eine große globale Herausforderung dar. Diese Herausforderung richtet sich an uns alle. An die Menschheit. Nicht mehr, aber auch nicht weniger. Wie bei allen großen Herausforderungen versucht der Mensch, entweder mit einer großen Lösung auf das Problem zu reagieren oder er resigniert angesichts der Größe des Problems. Das ist meine These. Der Philosoph Karl Popper sagte: »Alles Leben ist Problemlösen.«[2] Recht hat er. Probleme gehören zum Leben. Aber das allein ist noch kein Problem, denn wir lernen von klein auf, Probleme zu lösen. Beim Spielen zum Bespiel: Wie kann man einen stabilen Turm aus Bauklötzen errichten? Antwort: Indem man den Turm so oft baut, bis er stabil steht. Oder: Wie kann man das fehlende Teil eines Puzzles finden? Indem man die Mutter fragt, die ihr Kind dann anregt, selbst zu suchen: »Wie groß muss denn das Teil sein, nach dem du suchst?« Das macht die Problemlösung leichter. Problemlösen muss man üben und trainieren, das gilt für Kinder wie für Erwachsene. Was auf dem Spielplatz beginnt, endet nie.

Was aber ist überhaupt ein Problem? Zunächst einmal haben wir es noch mit einer Aufgabe zu tun. Viele von uns verwechseln bereits an diesem Punkt Aufgabe und Problem. Die Aufgabe ist aber zunächst einmal eine Aufgabe, für die eine Lösung gefunden werden muss. Wenn wir es mit einer schwer zu lösenden Aufgabe zu tun haben, empfinden wir das als problematisch. Allein der Satz »Dafür muss es doch eine Lösung geben« will einfach nicht wie von selbst zur Lösung führen. Jetzt kommt es darauf an, ob wir uns von dieser schwer zu lösenden Aufgabe herausgefordert oder überfordert fühlen. Wenn wir uns herausgefordert fühlen, dann wächst unser Wille, diese Aufgabe zu lösen. Wenn wir uns dieser Aufgabe stellen, nicht lockerlassen, nicht zurückweichen, dann ist es unser Mut, der uns beflügelt und stark macht. Wir sind »mutiviert« bis in die Haarspitzen.

Zwischenfazit: Wir haben in unserer Kindheit erfahren, dass man Aufgaben lösen kann, dass es für Probleme also Lösungen gibt und dass wir in der Lage sind, sie eigenständig zu finden. Auf dieser Basis haben wir als Kinder das nötige Selbstbewusstsein entwickelt, künftige Herausforderungen selbst anzupacken. Dabei haben wir Glück, dass uns als Kind, insbesondere als Kleinkind, noch die Erfahrung fehlt, dass wir an einer Aufgabenlösung auch scheitern können. Je älter wir werden, desto mehr Erfahrungen dieser Art müssen wir machen. Wie wir damit umgehen, hängt stark davon ab, wie wir in den frühen Lernphasen unseres Lebens angeleitet und wie wir bestärkt wurden, nicht aufzugeben, nicht zu resignieren. Wenn man uns beigebracht hat, dass wir immer noch dazulernen können, um auch in verzwickten, scheinbar aussichtslosen Situationen trotzdem eine Lösung herbeiführen zu können, sind wir für fast alle Lebenslagen gerüstet. »Jeder Mensch ist grundsätzlich lösungsbegabt«[3], sagt der Genetiker Prof. Dr. Markus Hengstschläger. Wie gut jemand Probleme lösen kann, sei durch frühkindliche Prägung und Gene bestimmt. Wichtig sei jedoch, ein Leben lang weiter zu üben. Für alle Begabungen gelte, dass sie nur durch Üben entwickelt werden könnten. Wie heißt es so schön? Übung macht den Meister:

> »Das gilt besonders für die Begabung, Lösungen finden zu können. [...] Das Gefühl, mit den eigenen Ideen gehört und ernst genommen zu werden, motiviert, bei Lösungsfindungsprozessen mitzumachen und steigert die kollektive Lösungsbegabung eines Unternehmens [einer Organisation, einer Gruppe, der Gesellschaft generell]. Darüber hinaus braucht es optimale Voraussetzungen für kreative Prozesse und innovationsfördernde Schnittstellen zwischen Menschen verschiedener Disziplinen.«[4]

Ich stimme mit Prof. Hengstschläger überein: Individuelles Engagement und interdisziplinäre Kooperation bilden den größten Teil des Schlüssels zur Lösung. Ergänzen möchte ich hier nur: Aber beides zusammen ist noch nicht die große Lösung. Denn:

> »Wenn es um große Herausforderungen wie Klimawandel geht, sehe ich [in der Forschung] den Trend, auch nach großen Lösungen zu suchen. Dabei kann eine Revolution nur passieren, wenn ihre Prinzipien von der Bevölkerung verinnerlicht und im Alltag gelebt werden. Die große Herausforderung ist, den Alltag der Menschen in Einklang zu bringen mit den Anpassungen, die nötig sein werden, um den Klimawandel einzudämmen. [...] Erfolg kann sich nur

einstellen, wenn die Maßnahmen von den Menschen akzeptiert werden. Wenn wir die Bevölkerung nicht mit ins Boot holen, können wir den Klimawandel nicht erfolgreich bekämpfen.«[5]

Der Einzelne ist also relevant für das Ganze. Warum aber sollte jemand etwas für das Ganze tun? Zuallererst muss man ihn einbinden, den Einzelnen und die Einzelne. Der Kampf gegen die Klimakrise kann nur dann erfolgreich sein, wenn alle, die betroffen sind, beteiligt werden. Einbindung kann somit als drittes Element gesehen werden, neben individuellem Engagement und interdisziplinärer Kooperation. Ja, vor allem individuelles Engagement und Beteiligung bedingen sich geradezu.

Aber zurück zu unserer Frage, warum ein Einzelner etwas für das Ganze tun sollte. Was würde ihn antreiben? Um das zu erkennen, unternehmen wir einen Ausflug in die Motivationspsychologie. Denn wenn es darum geht, Lösungswege zu finden, müssen wir grundsätzlich verstehen, was Menschen motiviert, diese Wege zu gehen.

Eine Wissenschaft für sich: Motivationspsychologie

Die Motivationspsychologie versucht die Richtung, Ausdauer und Intensität von zielgerichtetem Verhalten zu erklären. Was bedeutet das genau? Motivationspsychologie ist ein Grundlagenfach der Psychologie. Gegenstand der Motivationspsychologie beziehungsweise einer motivationspsychologischen Analyse ist zielgerichtetes Verhalten. Es geht darum, Erkenntnisse zur menschlichen Motivation zu gewinnen. Psychologen gehen dabei drei Kernfragen nach: Was macht Ziele attraktiv? Was macht deren Erreichung erstrebenswert (Richtung)? Und wie zielstrebig (ausdauernd und intensiv) geht man sie an? Anders gesagt: Motivationspsychologen wollen wissen, was Menschen motiviert, bestimmte Ziele anzustreben. Was Zielen Anziehungskraft verleiht. Wovon es abhängt, dass ein Mensch trotz mehrerer Rückschläge ausdauernd ein Ziel verfolgt. Was Menschen bewegt, auch nach vermeintlich unerreichbaren Zielen zu streben. Und wie sich erklären lässt, dass Menschen auch an scheinbar unattraktiven Zielen festhalten. Motive sind dabei unsere Antreiber. Ein Motiv wird immer dann angeregt, wenn der Ist-Zustand vom Soll-Zustand abweicht. Oder einfach gesagt, wenn ein Bedürfnis befriedigt und ein Ziel oder ein Zielzustand erreicht werden muss. Ein Ziel kann auch darin bestehen, eine Lösung für ein Problem zu finden.

Was genau ist Motivation?

Die allermeisten Menschen wissen, was sie motiviert, und sie kennen ebenso genügend Situationen, in denen sie unmotiviert sind. Und zumeist spüren Menschen, dass ihre Motivation eng an Emotionen geknüpft ist. Was genau dahintersteckt, wissen aber nur die wenigsten. Experten definieren Motivation in etwa so: Motivation ist die Antriebskraft eines Menschen, ein bestimmtes Verhalten zu einem bestimmten Zeitpunkt einzuleiten, weiterzuführen oder zu beenden.

> »Motivationszustände werden allgemein als Kräfte verstanden, die im Handelnden wirken und eine Disposition zu zielgerichtetem Verhalten erzeugen. Es wird oft angenommen, dass verschiedene mentale Zustände miteinander konkurrieren und dass nur der stärkste Zustand das Verhalten bestimmt. Das bedeutet, dass man motiviert sein kann, etwas zu tun, ohne es tatsächlich zu tun. Der paradigmatische Geisteszustand, der Motivation bewirkt, ist die Begierde. Aber auch verschiedene andere Zustände, wie Glaubenshaltungen darüber, was man tun sollte oder Absichten können motivieren. Die Umsetzung von Motiven in Handlungen nennt man Volition.«[6]

Wenn wir die Begierde hier einmal ausklammern (also heftiges, maßloses Verlangen), fühlen sich Menschen vor allem dann zu Entscheidungen und Handlungen motiviert, wenn es darum geht, ihre Bedürfnisse zu befriedigen. Begierde und Bedürfnis sind also Motivatoren. Worin aber liegt der Unterschied zwischen Begierde und Bedürfnis genau? Wenn wir davon ausgehen, dass es sich bei Begierde mehr um den Ausgleich von körperlichem Verlangen handelt wie Hunger, Durst oder Libido, dann steckt hinter einem Bedürfnis mehr ein seelischer Antrieb; dann geht es um geistige Faktoren wie Emotionen, um Anerkennung, Sicherheit und um Wünsche und deren Ausgleich. In diesem Kontext entstehen oft Bedürfnisse, etwas haben zu wollen. Eine Sache wie ein bestimmtes Auto oder Handy zum Beispiel – oder auch mehr Geld. Besonders gut funktioniert das, wenn zwei Faktoren zusammenkommen: Wenn ein Bedürfnis auf eine passende Situation trifft, kommt es zu einer Motivation, sich auf bestimmte Weise zu verhalten. Bedürfnis: Ich wünsche mir ein neues Handy. Situation: Da kommt mir ein tolles Angebot gerade recht. Entscheidend ist also das Matching von Bedürfnis und passender Situation. Die stärkste Motivation entsteht immer dann, wenn durch die erfolgte Handlung Bedürfnisse befriedigt werden, denn dann entstehen angenehme Emotionen. Der Kauf des Handys schüttet im Hirn das Hormon Dopamin aus. Shoppen macht kurzfristig glücklich.

Natürlich ist das mit der Motivation noch weit komplexer. Aber mir ging es um eine knackige Vereinfachung. Daher müssen wir hier gar nicht weiter in die Tiefe gehen. Wir haben erkannt, wie einfach sich Menschen motivieren lassen beziehungsweise selbst motivieren – ob bewusst oder unbewusst. Wenn das so einfach ist, dann müsste man doch auch jeden Einzelnen und jede Einzelne dazu bewegen können, Lösungen gegen die Klimakrise zu finden, beziehungsweise sich selbst entsprechend nachhaltig verhalten. Leider gibt es einen Haken: Wenn die Bereitschaft etwas zu tun, nicht unmittelbar belohnt wird, dann haben wir tatsächlich ein Problem. Denn unsere Handlung ist an die Aussicht auf direkte Belohnung geknüpft. Wir wollen sofort ein gutes Gefühl haben. Wenn aber diese Aussicht darauf in der Zukunft liegt, wirkt das auf uns demotivierend. Wer heute etwas gegen den Klimawandel tut, wird keinen unmittelbaren Vorteil für sich daraus ziehen. Der Erfolg liegt weit in der Zukunft. Und wenn der Demotivierte heute nichts tut, ist er auch davon nicht unmittelbar betroffen. Dazu kommt, dass der einzelne Mensch, der etwas tun kann, es nicht tut, weil er der festen Überzeugung ist, dass er als Individuum sowieso nichts erreichen kann. Die These, dass ein Einzelner etwas für das Ganze tun kann, verliert damit massiv an Kraft. Wenn wir so wollen, schließt sich hier der Kreis: Wir haben eine sehr schwierige Aufgabe zu lösen. Dieses Problem muss gelöst werden. Dass ich die Lösung nicht parat habe, werden Sie verstehen. Für dieses große Problem hat kein Mensch allein die große Lösung. Und muss man sich nicht auch die Frage stellen: Gibt es sie überhaupt, die große Lösung? Vielleicht sind wir hier auf dem Holzweg.

Wenn man etwas gestalten oder verändern will, muss man es mit den Händen und dem Verstand tun, die einem gegeben sind. Und man muss dort anfangen, wo es einem möglich ist: »Die Veränderungen, die wir in der Welt sehen wollen, können nicht stattfinden, wenn wir sie nicht dort stattfinden lassen, wo wir sind und wo wir wirklich konkret handeln können.«[7] Diese klugen Worte sind nicht auf meinem eigenen Mist gewachsen; sinngemäß war das die Überzeugung eines gewissen Alexander Langer, einem aus Südtirol stammenden Grünen und Utopisten, der sich für eine andere, bessere, freundlichere Welt einsetzte. Ein anderer, der amerikanische Autor Kurt Vonnegut, hat es einmal in einem Vortrag vor Studierenden so auf den Punkt gebracht:

> »Nachdem, was ich im Buch Genesis gelesen habe, hat Gott Adam und Eva nicht einen ganzen Planeten gegeben. Er gab ihnen ein Grundstück von überschaubarer Größe, sagen wir – nur um des Arguments willen – achtzig Hektar. Und ich würde euch Adams und euch Evas raten, sich zum Ziel zu setzen, einen kleinen Teil des Planeten zu nehmen und ihn in Ordnung zu bringen, ihn sicher, vernünftig und ehrlich zu machen. Es gibt eine Menge Aufräumarbeiten zu erledigen. Es muss viel wieder aufgebaut werden, sowohl geistig als auch materiell.«[8]

Wir brauchen mehr gemeinschaftsstiftende Energie

Jeder Mensch macht sich sein eigenes Bild von der Welt. Weltbilder lenken unsere Wahrnehmung. Entsprechend unserem Weltbild nehmen wir auch die Kommunikation zur Klimakrise wahr. Die Forschung kennt im Wesentlichen zwei Arten von Gesellschaften: die individualistische und kollektivistische Gesellschaft. Beide Gesellschaften stehen für ein Weltbild. In der individualistischen Gesellschaft nehmen sich die Menschen als eigenständige Individuen wahr. Anders gesagt: Obwohl sie sozialwissenschaftlich gesehen zu einer Gesellschaftsform gehören, sehen sie sich selbst als von anderen separiert; auch separiert von jenen, die über ihr Leben entscheiden. In Deutschland wie in ganz Westeuropa und auch den USA herrscht der Individualismus vor.

Anders dagegen der Kollektivismus: In der kollektivistischen Gesellschaft fühlen sich Menschen mit anderen Menschen verbunden. Sie haben das Gefühl, dass sich ihr Leben stark mit dem Leben der anderen überschneidet. Und weil sie sich als Teil einer Gemeinschaft empfinden, glauben sie, dass ihre Entscheidungen, aber auch ihre Gedanken und Gefühle nicht unabhängig von ihrem sozialen Umfeld sind. Sie leben mit dem Gefühl, dass sich alles irgendwie gegenseitig bedingt. Ihr Gefühl sagt ihnen: Wenn ich auf individueller Ebene eine Entscheidung treffe, kann das einen Einfluss auf die systemische Ebene haben und umgekehrt.

Leider belegen Studien, dass individualistisches Denken und Handeln auf dem Vormarsch ist und der Kollektivismus immer mehr in den Hintergrund tritt. Wenn sich aber immer mehr Menschen auf der Welt auf diese individualistische Weise wahrnehmen – also von anderen Menschen getrennt –, ist es kaum erstaunlich, dass sich immer mehr Menschen in ihrem Nichtstun bestätigt fühlen, wenn sie pausenlos hören, dass man als Individuum sowieso nichts gegen den Klimawandel tun könne. Untätigkeit im Kontext der Klimakrise ist also auch ein Kommunikationsproblem.

Es ist ein Fehler, in unserer individualistischen Gesellschaft zu argumentieren, dass man als Einzelner nichts gegen den Klimawandel unternehmen könne. Denn tatsächlich haben individuelle Entscheidungen einen Einfluss auf das ganze System. Es ist sicher gut und richtig als Einzelner in seinem eigenen Garten mit der Veränderung zu beginnen, wie Alexander Langer sagt; weil dort der Ort ist, wo wir sind und wo wir wirklich konkret handeln können. Wenn wir aber mehr erreichen wollen, müssen wir uns einer Mehrheit anschließen oder ein größeres Ganzes bilden. Um im Bild zu bleiben: Kollektives Gärtnern wäre der nächste Schritt. Oder – Vorschlag – ich verlasse meinen Garten und gehe in die Politik. Oder – nächster Vorschlag – ich nutze die Möglichkeiten unserer Demokratie; für den Fall, dass ich selbst nicht politisch aktiv werden möchte. So kann ich meiner individuellen Vorstellung eine größere Kraft geben:

»Wenn ich eine Partei wähle, treffe ich damit eine individuelle Entscheidung. Meine Wahl hat aber Einfluss auf das System, in dem ich lebe – und wenn ich mich für eine Partei entscheide, die mehr Klimaschutz durchsetzen will, dann kann ich als Individuum auf Klimapolitik Einfluss nehmen. Oder: Wenn ich mich entscheide, ohne Auto zu leben, betrifft das zuerst mein eigenes Leben. Aber meine [Nachbarn], meine [Freunde] oder Familienmitglieder

> können beobachten, wie ich ohne Auto lebe, und überlegen dann vielleicht selbst, ob sie das auch schaffen. Ohne meine individuelle Entscheidung wären sie nicht auf diesen Gedanken gekommen.«[9]

Interessant erscheint mir, dass gerade individualistisch geprägte Menschen mehr Bereitschaft zeigen, klimafreundlichere Technologien in ihrem Leben zu nutzen. Das haben Untersuchungen ergeben:

> »Etwa Solar auf dem eigenen Dach zu installieren oder zum E-Auto zu wechseln. Das könnte noch befördert werden, indem Menschen genau auf dieser individualistischen Ebene angesprochen werden: etwa indem die Neuigkeit und die Einzigartigkeit solcher Technologien hervorgehoben werden.«[10]

Daher glaube ich, dass wir die Menschen vor allem mit positiven Botschaften erreichen müssen. Natürlich ist hier besonders die Politik in der Verantwortung. Aber auch die Unternehmen, die Vorreiter, die Vormacher sollten mutig vorangehen und der Welt zeigen, was man in puncto Nachhaltigkeit möglich machen kann. Auch die Massenmedien tragen hier eine große Verantwortung. Mut machen macht Mut!

Mein Motto: Seid mutig zueinander! Mut ist gemeinschaftsstiftende Energie.

WIR KOMMUNIZIEREN MIT DER ZUKUNFT UND NEHMEN MIT!

Fünf Take-aways, die auf dem Weg zur Nachhaltigkeit Orientierung geben:

- Justieren Sie Ihr Mindset: Nachhaltigkeit ist kein Problem, es ist zunächst einmal eine Aufgabe, die es zu lösen gilt. Ich gehe noch weiter: Nachhaltigkeit ist ein Freund, der es gut mit Ihnen meint.
- Treiben Sie im Unternehmen nachhaltige Projekte voran. Aber übertreiben Sie nicht, indem Sie alles auf einmal angehen wollen. Binden Sie aber alle im Unternehmen in die Entwicklung eines grünen Konzeptes ein, und fördern Sie nachhaltige Ideen Ihrer Mitarbeiter.
- Lassen Sie sich nicht einreden, dass Sie als einzelnes Unternehmen nichts erreichen können. Auch ein einzelnes Unternehmen kann wie ein einzelner Mensch etwas tun, das relevant für das ganze System ist.
- Trainieren Sie nachhaltiges Verhalten beim Einkaufen. Achten Sie darauf, welche Artikel Sie aufs Kassenband legen. So stellen Sie die Weichen in Ihrem Unternehmerhirn und nehmen als Konsument zugleich Einfluss darauf, welche Produkte produziert werden und welche nicht.
- Setzen Sie auf viele kleine Lösungen. Damit erlösen Sie sich erstens von dem Druck, partout eine große Lösung finden zu müssen, und zweitens legen Sie durch diese Niederschwelligkeit auch tatsächlich die Hemmschwelle ab, es gar nicht zu probieren.

ZURÜCK ZU DEN WURZELN – NACHHALTIGKEIT MACHEN UND VORMACHEN

»Der Boden ist unsere Lebensgrundlage, und die Biodiversität ist das Immunsystem unserer Erde.« In meinem Leben habe ich diesen Satz zu meinem Glaubenssatz oder Motto bestimmt, indem ich sie um einen Gedanken erweitert habe, der mich selbst immer wieder daran erinnern soll, dass man zwischen dem, was einem gegeben wird, und dem, was einem genommen wird, selbst etwas tun kann. Man kann als einzelner Mensch etwas gestalten, solange man auf dieser Erde ist.

Ich bin auf dem Land aufgewachsen; auf dem Hof meiner Eltern, die den Betrieb von meinen Großeltern übernommen hatten. Als Landkind bin ich selbstverständlich mit der Natur, ihren Rhythmen und Kreisläufen groß geworden. Es liegt quasi in meiner Natur, mich um das zu kümmern, was mich umgibt. Zunächst dachte ich, ich würde einmal den Hof übernehmen, doch ich studierte Marketing und Kommunikation. Weiter auf der Suche nach meiner Berufung fand ich immerhin heraus, dass meine Gabe vielleicht etwas ist, mit dem ich Menschen unterhalten kann. Ich begann eine Laufbahn als Mentalist. Wer mein erstes Buch kennt, hat mich bereits kennengelernt: »36 Mentalistenkniffe für Führungskräfte«, so lautet der Untertitel meines Erstlings *Kommunikative Kompetenz*. Als Mentalist und Experte für verbale und non-verbale Kommunikation sehe ich mich auf der Bühne an erster Stelle als Business-Speaker mit »Bildungsauftrag«, der nicht nur eine unterhaltsame und gute Rede abliefern, sondern auch sein Expertenwissen weitergeben will. Das vermeintlich beschauliche Landleben habe ich also nicht professionalisiert. Ich bin Mutmacher geworden; ich gehe also einem Beruf nach, für den es eigentlich gar kein Berufsbild gibt, mit dem ich aber trotzdem Menschen europaweit zu inspirieren und zu motivieren versuche. Der Mensch Jakob Lipp ist heute Keynote-Speaker, Gastredner und Mutmacher für zukunftsorientierte Führungskräfte, Managerinnen und Manager, Unternehmer und Unternehmerinnen. Aber nicht ohne Stolz darf ich sagen, dass ich dabei im wahrsten Wortsinn die Bodenhaftung nie verloren habe. Zu meinem rund einhundert Jahre alten Wohnsitz gehören Wiesen, ein paar Äcker und etwas Wald. Und hier steht für mich die Nachhaltigkeit an erster Stelle. Hier stehe ich in der Verantwortung.

Alles ist dem großen Prinzip des Werdens und Vergehens untergeordnet, und doch übt der Mensch permanent Einfluss auf seine Umwelt aus. Und dieser ist nicht immer nur gut. Als Mensch, der viel von der Welt gesehen hat, hat sich mein Blick auf die Umwelt und unsere Kulturlandschaft verändert. Nicht alles davon gefällt mir. Ein Teil der Flächen, die meinen Wohnsitz umgeben, habe ich genau aus diesem Grund in mehrjährige Blühflächen umgewandelt. Nach meinem Motto: »Der Boden ist unsere Lebensgrundlage, und die Biodiversität ist das Immunsystem unserer Erde«, habe ich die Veränderung dort stattfinden lassen, wo ich bin und wo ich wirklich konkret handeln kann. Jeden Tag nehme ich mir vor, meinen Grund und Boden im Sinne der Nachhaltigkeit in Ordnung zu halten oder zu bringen. Es gibt eine Menge Arbeiten zu erledigen und Neues zu entdecken. Es geht mir eben nicht nur darum, schlau über Nachhaltigkeit zu reden, man muss auch vormachen, wie nachhaltiges Wirtschaften geht.

Nahezu alles, was ich für die Nachhaltigkeit mache, sind Experimente. Aber mit Experimenten kenne ich mich aus. Als ich noch ausschließlich als Mentalist tätig war, waren es sogenannte Gedankenexperimente, die meine Show trugen. Man muss wissen, dass Gedankenexperimente von Menschenkenntnis, genauer Beobachtung und einer guten Portion Risiko abhängen. Prinzipien, die auch bei meinen landwirtschaftlichen Experimenten zum Tragen kommen. Die mehrjährigen Blühflächen hatte ich schon erwähnt. Ich säte zwei unterschiedliche Blühmischungen auf meinen Ackerflächen aus. Im ersten Jahr war ich überwältigt von der Blütenpracht von Sonnenblumen, Phacelia, Öllein, Buchweizen und Klatschmohn. Im zweiten Jahr dominierten die Wilde Karde, die Weiße Lichtnelke und die Wegwarte, und im dritten Jahr kamen Echtes Johanniskraut, der Färberwaid und die Moschusmalve dazu. Wenn Sie jetzt auch überwältig sind von all den für Sie bekannten oder unbekannten Wildkräuter- und Pflanzennamen, können Sie meine Begeisterung annähernd nachvollziehen. Was Sie hier Schwarz auf Weiß lesen, darf ich allerdings in voller Farbenpracht genießen. Und ich kann sagen, es ist wirklich beeindruckend, alle diese bunten Farbtupfer in der Landschaft zu sehen. Meine hofeigenen Ackerflächen waren seit vielen Jahrzehnten in immer denselben Rhythmen bestellt worden. Die Entscheidung, sie für fünf Jahre in Blühflächen als wertvollen Lebensraum umzuwandeln, kam aus dem Herzen und aus dem Bauch. Und rückblickend war sie zu 100 Prozent richtig. Dieses Stück Wildnis vor der Haustüre ermöglicht mir das unberührte Land, Wildtiere, Vögel und Insekten zu beobachten. Es bietet Lebensraum, Deckung, Nahrung und Unterschlupf. Aber es ermöglicht mir auch zu sehen, wie sich die Natur entwickelt, wenn sie sich selbst überlassen wird und einfach nur sein darf. Ähnlich geht es meinen Feuchtwiesen. Sie sind Brut- und Nistort und Natur in ihrer reinsten Form.

Ein weiteres Projekt, von dem ich in diesem Buch schon berichtet habe, ist das Kümmelexperiment. Ich wollte damit zeigen, dass es möglich ist, eine alte Kulturpflanze, die auch bei uns einst heimisch war, wieder anzusiedeln und sie aus der Region für die Region zu produzieren. Ganz meinem Anspruch folgend, selbst nachhaltig zu wirtschaften. Am Ende des Experiments war klar, dass man die Kümmelsamen, die bei der Verwendung in der Küche ja das eigentliche Produkt darstellen, nicht von weit her beziehen muss – nicht aus Bhutan, Pakistan oder aus Nepal und schon gar nicht aus Ägypten. Ich wollte beweisen, dass sich Kümmel auch in meiner bayerischen Region erwirtschaften ließe. Sowohl klimatisch als auch auf kurzen und sehr kurzen Wegen, was den Produktionsprozess betrifft, war das Kümmelexperiment ein Erfolg. Es geht, wenn man nur will. Allerdings war mein Versuch, grundsätzlich für ein regionales Produkt zu werben, von bescheidenerem Erfolg gekrönt. Das Problem ist, dass die Attraktivität eines Lebensmittels bei uns leider immer noch am Preis gemessen wird, anstatt auf den verantwortungsvollen, regionalen und nachhaltigen Konsum oder Gebrauch zu schauen.

Das gilt nicht nur für uns Verbraucher, sondern auch für die, die den Kümmel verarbeiten. Da habe ich so meine Erfahrungen machen müssen.

Zwei Jahre lang habe ich Kümmel angesät. Und zwar vorrangig als sogenannte Hasenapotheke. Warum Hasenapotheke? Kümmel enthält Cumarin und Flavonoide. Das sind zwei Inhaltsstoffe, die der Feldhase benötigt, wenn er Bauchschmerzen hat. Dann gönnt er sich ein Kümmelblatt zum Frühstück, zum Abendessen oder als Snack zwischendurch. Natürlich wirkt der Kümmel in dieser Art auch bei uns Menschen: gegen Blähungen. Darum finden wir Kümmel oft im Brot; gerade in Bayern oder Österreich hat das Tradition. Da Kümmel mittlerweile aus unserer heimischen Kulturlandschaft komplett verschwunden ist, hat auch der Feldhase das Nachsehen. Es wunderte mich also gar nicht, dass ich die besagten zwei Jahre so viele Hasen bei mir im Kümmelfeld hatte, wie ich es noch nie zuvor erlebt hatte. Der Hase liebt den Kümmel. Das Kümmelblattbüffet für die Feldhasen war für mich übrigens auch immer ein schöner Aufhänger, wenn ich mit Bäckereien oder Lieferanten über meinen Kümmel sprach.

Ich erinnere mich gut an ein Gespräch mit einem Gewürzgroßhändler, das leider beispielhaft für die weitgehende Ignoranz unserer Lebensmittelindustrie ist. »Herr Lipp, ihr nachhaltiger Kümmel ist ja wirklich schön«, so der Gewürzgroßhändler, »machen Sie bitte weiter so. Aber ich kaufe meinen Kümmel doch lieber weiterhin über den globalen Großhändler, der wird aus Ägypten geliefert. LKW-weise kommen die Gewürze zu mir, Herr Lipp. Ihr nachhaltiger Kümmel ist ja nett, aber ich will es doch einfach. Ich will, dass die Europalette bei mir ins Lager reingeschoben wird. Zack, zack. Ich will nur noch den Lieferschein auf den Tisch bekommen, die Rechnung bezahlen, und das war's. Woher der Kümmel kommt, ist mir egal.« Kurz darauf sah ich zufällig eine Pressemitteilung des Gewürzgroßhändlers. Die Firma hatte ein E-Bike angeschafft, und der Chef hatte sich damit vor dem Firmenportal ablichten lassen. Dazu die Botschaft: Schaut her, wir sind jetzt nachhaltig. Wahrscheinlich sind die Leser des Artikels darauf reingefallen. Mir wäre es bestimmt auch so ergangen. Wen kümmert's schon, woher der Kümmel kommt.

Ich bin vielleicht ein Idealist, was die Nachhaltigkeit betrifft. Eine nachhaltige Bewirtschaftung muss sich in meinen Augen nicht rechnen, weil sie mir so viel zurückgibt für mein Herz und meine Seele. Nachhaltigkeit mit Rentabilität zu verknüpfen, dass wäre für mich der falsche Gedanke. Aber ich muss diesbezüglich ja auch nicht im Wettbewerb bestehen. Dass sich Nachhaltigkeit und Wirtschaftlichkeit nicht ausschließen müssen, will ich hier dennoch kurz erwähnen. Es gibt genügend Beispiele. Eines speziell zum Thema Kümmel muss ich hier leider schuldig bleiben, aber Nachhaltigkeit ist schließlich nicht auf die Lebensmittelindustrie beschränkt, sondern beschäftigt alle Branchen und Industrien. Vorn weg die der Mode. Die McKinsey-Studie »Fashion's new must-have: sustainable sourcing at scale«[1] kommt zu dem Ergebnis, dass Nachhaltigkeit nicht teurer sein muss. McKinsey befragte 64 Chief Purchasing Officers, die zusammen mehr als 100 Milliarden US-Dollar Beschaffungswert verantworten:

> »Neben der Verfügbarkeit nachhaltiger Materialien sehen die Einkaufschefs die größte Herausforderung beim Thema Materialkosten. [...] Für die Befragten ist dies das Top-Thema auf ihrer Sustainability-Agenda, gefolgt von Transparenz (Verfolgbarkeit) und Zuliefererbeziehungen. [...] 95 Prozent der Einkäufer, die für einen Massenmarkt produzieren lassen, bestätigen, dass sie Probleme bei der Verfügbarkeit nachhaltiger Materialien sehen. ›Die Ambitionen der Modeindustrie überflügeln die Realität‹, sagt der Leiter der Modeindustrieberatung bei McKinsey [...]. ›Die Herausforderungen erfordern echte Partnerschaften mit den Zulieferern, [...] um soziale und ökologische Verbesserungen zu erreichen.‹«[2]

Eine derartige Partnerschaft schloss der Gewürzgroßhändler mit dem potenziellen bayerischen Zulieferer nachhaltigen Kümmels kategorisch aus. Ich habe ihn wohl überfordert. Kümmel und Kleidung ist freilich nicht dasselbe. Aber das Prinzip einer strategischen Partnerschaft mit dem Ziel nachhaltig zu wirtschaften, ist gleich.

Was mich persönlich besonders freut, ist, dass ich meine Nachhaltigkeitsprojekte, auch immer wieder als Speaker vorstellen darf. Denn unser Boden, von dem wir nehmen, ist die Grundlage unseres Lebens, und deshalb ist es mir wichtig, der Natur mit meinem langjährigen Umweltengagement etwas zurückzugeben. Unter Nachhaltigkeit verstehe ich nicht nur, weniger zu nehmen, als es gibt. Ich verstehe Nachhaltigkeit auch als Prinzip vom Nehmen und Zurückgeben.

Einige weitere meiner Nachhaltigkeitsprojekte, über die ich gerne auch vor Publikum spreche, will ich hier im Folgenden kurz anführen.

Mein Wald der 1000 Bäume: Während der diversen Lockdowns habe ich die freie Zeit sinnvoll genutzt und in meinem Wald 1000 Bäumchen gepflanzt – Wildkirsche, Speierling, Rotbuchen, Robinien, Lärchen, Esskastanien, Wildbirnen, Elsbeeren, Linden und viele mehr. Der Wald ist als klimastabiler Zukunftswald konzipiert. Also kein Stangenwald aus Fichten. Insgesamt habe ich 18 verschiedene Baumarten gepflanzt. Nicht nur im Herbst, wenn die Bäumchen in ihrem schönsten Herbstlaub stehen, habe ich so eine Freude damit.

Meine Partnerschaft mit dem Kiebitz-Schutzprojekt: Im Landkreis Mühldorf am Inn, in dem ich lebe, wurde 2016 ein Schutzprogramm für Kiebitze aufgelegt, das ich aktiv unterstütze. Der Kiebitz ist ein Feldvogel unserer Kulturlandschaft. Er wird jedoch immer seltener. Seine Bestände haben sich in den letzten 20 Jahren um mehr als die Hälfte verringert. Der Kiebitz benötigt offene, eher feuchtere Flächen, um zu brüten. Daher stelle ich zum Ausgleich immer wieder einige größere Korridore, auch Schwarzbrache genannt, dafür bereit. So kann ich helfen, den Bruterfolg des Kiebitzes wesentlich zu verbessern. Und vielleicht habe ich auch einen ganz, ganz kleinen Anteil daran, dass der Kiebitz 2024 zum Vogel des Jahres gekürt wurde.

Förderer und Schützer der Feldlerche: Wie der Kiebitz – ein Flugkünstler – gehört die Feldlerche zum Bild unserer Kulturlandschaft. Besonders markant ist ihr Gesang. Ich lege sogenannte Lerchenfenster für die gefährdete Feldlerche an. Ein Lerchenfenster ist eine rechteckige Fläche, die nicht angesät wird. Denn die Feldlerche braucht den bloßen Boden zum Losfliegen und zum Landen, also als Start- und Landebahn. Außerdem braucht die Feldlerche den offenen Boden auch, um kleine Steinchen aufpicken zu können, die sie für die Verdauung benötigt. Der Staub auf dem offenen Boden wiederum dient ihr dazu, sich von Milben, die in den Federn sitzen, zu reinigen.

Der Visionär Lipp hat mehr als einen Vogel:

- **Bewahrer artenreicher Feuchtwiesen:** Mit meinen – bereits erwähnten – Feuchtwiesen biete ich vom Aussterben bedrohten Tier- und Pflanzenarten einen natürlichen Lebensraum. Feuchtwiesen werden nur einmal im Jahr gemäht. Sie sind Brut- und Nistraum und einfach Natur in ihrer ursprünglichsten Form.

- **Streuobstwiesen-Erhalter:** Ich habe mir selbst zur Aufgabe gemacht, alte Streuobstwiesen zu erhalten oder zu reaktivieren. Streuobstwiesen sind naturnahe Obstwiesen, wie sie früher bei jedem Bauernhof oder in jeder Dorfgemeinschaft zu finden waren. Sie dienten vor allem der Selbstversorgung. Im Zuge der sogenannten Flurbereinigung, wie sie intensiv vor allem ab den 1960er und 1970er Jahren betrieben wurde, kam es oft zum Kahlschlag. Die Landwirtschaft, zu der auch die Obstwirtschaft zählt, wurde industrialisiert. Streuobstgärten galten als rückständig, nicht wirtschaftlich. Mit ihnen verschwanden wichtige Naturräume, die für Tiere wie den Kautz, die Fledermaus und viele Singvögel und Insekten wie Bienen lebensnotwenig sind. Es kam zum Artensterben. Dabei wollte ich nicht zusehen und meinen Teil zur Wiederbelebung der Streuobstwiese beitragen. Um mein Haus wachsen Apfel, Birne, Esskastanie, Haselnuss, Kirsche, Marille, Mirabelle, Mispel, Quitte, Ringlotte, Vogelbeere, Walnuss und Zwetschge.

Sie sehen, Nachhaltigkeit ist in meinen Augen keine Kür, sondern Pflicht. Auf meiner Website finden Sie alle Details zu meinem Umweltengagement. Klicken Sie sich einfach rein. Es wäre schön, wenn ich sie als Mensch im Unternehmen ermutigen könnte, Nachhaltigkeit zu ihrem Pflichtprogramm zu machen. Ich weiß, dass die Bereitschaft in vielen Unternehmen vorhanden ist. Vielerorts ist man gewillt, die Kriterien für ökologische und soziale Ziele zu erfüllen. Ich weiß auch, dass es in wirtschaftlich guten Zeiten leichtfällt, das Thema Nachhaltigkeit in den Vordergrund zu stellen. Wenn die Erträge sprudeln, dann ist auch Geld für Nachhaltigkeit da. Wir gehen jedoch durch krisengeschüttelte Zeiten. Die hohen Environmental, Social und (Corporate) Governance-Maßstäbe drohen bei einigen Konzernen zu schrumpfen und aus dem Blick zu geraten. Es ist kein Geheimnis, dass Umsatz und Gewinne bei der Mehrheit der Unternehmen unter Druck stehen. So ist es nicht verwunderlich, dass die Versuchung bei einigen Konzernlenkern groß ist, gute Vorsätze an den Haken zu hängen. Ich weiß das alles so gut wie Sie. Ich weiß aber ebenso, dass die Krise auch Chancen bietet, das eigene Image zu polieren und Marktanteile zu gewinnen. Wer in schlechteren Zeiten Gutes für den Planeten tut, der wird in besseren Zeiten umso glaubwürdiger erscheinen. Die Wirkung wird auch wirtschaftlich eine nachhaltige sein. Davon bin ich zutiefst überzeugt.

WIR KOMMUNIZIEREN MIT DER ZUKUNFT UND NEHMEN MIT!

Fünf Take-aways, die auf dem Weg zur Nachhaltigkeit Orientierung geben:

- Lernen Sie (wieder) die Natur zu schätzen. Gehen Sie in die Natur und erleben Sie, wie Mensch und Natur zusammenwirken. Schaffen Sie sich auch dort ein Stück Natur, wo Sie leben.
- Wenn Sie Unternehmer sind, fragen Sie sich immer, wie Sie von der Nachhaltigkeit profitieren können. Aber verwerfen Sie den Gedanken, dass Nachhaltigkeit immer und überall mit Rentabilität einhergehen muss.
- Engagieren Sie sich auch außerhalb Ihres Unternehmens für nachhaltige Projekte. Fragen Sie in Ihrer Gemeinde oder in Ihrem Stadtteil, wo Sie sich einbringen können. Profitieren Sie umgekehrt von der Erfahrung anderer.
- Ordnen Sie die Natur nicht gänzlich Ihrem Handeln unter. Denn alles in der Natur hat seinen Rhythmus und Kreislauf. Und irgendwann fällt falsches Verhalten auf den Handelnden zurück.
- Sammeln Sie ganz neue Erfahrungen, erleben Sie, wie motivierend und ansteckend es sein kann, unserem Planeten Gutes zu tun – und begreifen Sie, warum: weil Sie sich selbst damit etwas Gutes tun.

TRANSFORMATION

MÖGLICHKEIT ODER MACHBARKEIT?

DER GRUNDLEGENDE WANDEL – ODER WARUM DAUERT DAS SO LANGE?

Lassen Sie mich dieses Kapitel mit etwas Physik beginnen: Ein Transformator ist ein elektrotechnisches Bauteil, das Spannung umwandelt. Und zwar Eingangsspannung in Ausgangsspannung. Ein Transformator ist also ein Umwandler. Meine erste Begegnung mit einem solchen Umwandler hatte ich als Modelleisenbahner. Ich war vielleicht sechs oder sieben Jahre alt und sagte Trafo zu dem knallblauen Kasten. Aber warum man das Ding so nannte und wie es funktionierte, wusste ich nicht zu sagen. Ich wusste nur, dass ich an dem schwarzen Drehschalter auf der Oberseite drehen musste, damit sich etwas tat. Wenn ich an dem schwarzen Schalter drehte, konnte ich den Zug schneller oder langsamer fahren lassen. Mit demselben Drehschalter ließ sich auch die Fahrtrichtung der Loks ändern. Ohne Trafo, das war mir damals jedenfalls klar, würde sich bei meiner Modelleisenbahn gar nichts bewegen.

Was will ich damit sagen? Ein Transformator ist ein Umwandler, der etwas in Bewegung setzt. Wenn man sich das Mega-Thema Transformation auf diese Weise veranschaulicht, klingt es vielleicht noch mega, aber schon gar nicht mehr so bedrohlich. Das Beispiel des Transformators zur Steuerung einer Modelleisenbahn ist natürlich eine grandiose Vereinfachung eines sehr komplexen und anspruchsvollen Prozesses. Und natürlich will ich die Transformation damit nicht kleinreden, aber wir sollten uns von ihr auch keine Angst machen lassen. Auch die Transformation, wie man sie im Kontext der Betriebswirtschaftslehre und Volkswirtschaftslehre bezeichnet, ist »ein Prozess der wesentlichen Zustandsänderung vom aktuellen Ist-Zustand zu einem angestrebten Ziel.«[1]

Wie bei einem Transformator geht es bei der Transformation ebenfalls um eine Umwandlung. Damit diese Umwandlung gelingen kann, braucht es Technologien und Menschen, die die Transformation möglich machen. Und wenn man so will, sind vor allem die Menschen in diesem Prozess die Transformatoren, weil sie mithilfe von Technologien eine Eingangssituation in eine Ausgangsituation verwandeln.

Die Transformation, die heute in aller Munde ist, steht zuerst einmal als ein Thema für sich, betrifft aber zugleich alle zuvor genannten Themenbereiche von der Digitalisierung über New Work bis hin zu Nachhaltigkeit. Was lehrt uns hier eigentlich das Fürchten? Ich denke, es ist die Angst, nicht zu wissen, wie man mit der Komplexität umgehen soll. Diese Komplexität erscheint uns wie eine Art Naturgewalt, die über uns hereinbricht. Gewiss sind die Herausforderungen für die Welt gewaltig. Aber in die Knie gehen, bevor wir uns an die Arbeit gemacht haben, ist sicher nicht die Lösung. Wir sollten zur Kenntnis nehmen, dass wir imstande sind, schier Unglaubliches zu leisten. Hat es die Menschheit in den letzten Dekaden nicht auch geschafft, sogar das Klima zu wandeln? Sie finden das zynisch? Ich auch. Aber manchmal braucht es drastische Beispiele, um wachgerüttelt zu werden. Ich finde es noch viel zynischer angesichts permanent schrumpfender Gletscher und 2,5 Millionen Quadratkilometer weniger Meereis jenseits des nördlichen Polarkreises im Sommer 2023, sowie Temperaturen von 35 Grad Celsius oberhalb des Mittelwerts des davor liegenden Jahres, wenn Unternehmen glauben, sie würden nachhaltig wirtschaften, wenn sie sich drei E-Bikes vor die Firmentür stellen. In der Antarktis jagt ein besorgniserregender Negativrekord den nächsten – mit dramatischen Folgen für das Klima weltweit. Einst schien der weiße Kontinent weitgehend sicher vor den Folgen der Erderwärmung. Doch diese Zeiten sind vorbei. Und es geht immer schneller.

Gemeinsam könnten wir die Welt verändern, heißt es. Machen wir uns nichts vor: Das haben wir schon. Das ist Transformation im negativen Sinne, weil sicher nicht angestrebt. Aber um die guten Nachrichten zu finden, muss man sich auch durch die negativen quälen.

Die Welt transformiert

Wir leben in einer großen Transformation. Das wird wohl niemand ernsthaft bestreiten. Digitalisierung, New Work, Klimawandel, Globalisierung, Nachhaltigkeit, der Wandel der Industrie- zur Wissensgesellschaft, künstliche Intelligenz. Die Welt transformiert. Wer kann da noch mithalten? Die dramatischen Auswirkungen des Umbruchs, in dem wir uns befinden, machen uns ratlos und ängstlich, manch einen auch neurotisch. Ich erinnere mich an einen Film von und mit Woody Allen, *Der Stadtneurotiker*. Woody Allen spielt darin einen Stand-up-Komiker in New York. Alvy Singer befindet sich in einer großen Krise, vor allem, was die Beziehungen zu Frauen angeht. Als ihn wieder einmal eine Freundin verlassen hat, lässt er sein Leben Revue passieren. Er ist Kind einer Großfamilie. Wohnhaft in Brooklyn – und zwar ausgerechnet unter der Hochbahn. In der Wohnung wackeln dauernd die Wände. Alvy, dem kleinen intellektuellen Kopf mit Brille (der Begriff Nerd hatte sich 1977 noch nicht etabliert), kommt das seltsam vor, und so befasst er sich schon früh mit den großen Fragen der Menschheit. Er liest viel, macht eine Entdeckung und kommt zu einer Erkenntnis: »Das Universum expandiert! Das Universum umfasst alles, und wenn es eines Tages expandiert, bricht alles auseinander. Und dann ist Feierabend.«[2] Seine Mutter ist ratlos. Auch Hinweise wie »Du bist hier in Brooklyn. Und Brooklyn expandiert nicht!« helfen nicht. Sie geht mit ihm zum Arzt: »Er ist plötzlich so depressiv und sitzt nur noch so rum.« – »Gibt es einen Grund dafür?«, fragt der Doc. – »Er hat etwas gelesen.« – »Du hast etwas gelesen?« – »Das Universum expandiert!«[3]

Dieser Satz wird im Film zum Running Gag. In meiner Erinnerung fällt er immer dann, wenn etwas Unerklärliches geschieht oder Alvy nicht mehr Herr der Lage ist. Was will man machen? Man kann ja doch nichts tun. »Das Universum expandiert!« Alvy ist in einer Dauerschleife der Ratlosigkeit. Und so fühlen sich viele Menschen auch heute, wie Alvy, gefangen in einer Dauerschleife. Denn alles um sie herum transformiert. Die Welt transformiert. Sie haben das Gefühl, dass sie nicht begreifen, was da vor sich geht. Sie fühlen sich, als hätten sie jegliche Kontrolle verloren. Die Welt transformiert. Kein Gag! Man kann es kaum noch hören.

Versuchen wir auf der Sachebene einiges zu klären: Der Begriff *transformo* stammt aus dem Lateinischen und bedeutet umformen oder verwandeln. So ganz nackt ohne Kontext kann er alles und nichts bedeuten. Dementsprechend wird der Begriff Transformation heute sehr vielfältig und teils wahllos benutzt. Im Bereich der Wirtschaft und Gesellschaft ist eine beginnende Willkürlichkeit bei seiner Verwendung festzustellen. Das erinnert mich doch fatal an die inflationäre Verwendung des Begriffes Nachhaltigkeit, oder?

»Über Transformation wird geredet, als sei es etwas, was man machen kann, vorgeben, verordnen, anweisen und bestimmen gar. Seien es die Herausforderungen gegen den Klimawandel, die Energiewende, die Einführung künstlicher Intelligenz, Digitalisierung, das bargeldlose Bezahlen mit Handy oder die Einführung einer neuen Software im Unternehmen, alles Transformation! Aber damit beginnt eben das Missverständnis, denn all das, was bei diesen Dingen abläuft, sind schlicht und ergreifend wissenschaftliche, technische, geschäftliche und/oder organisatorische Leistungen mit mehr oder weniger [hohem] Innovationsanteil. Sie mögen schwierig sein, komplex und mitunter unlösbar, aber Transformation sind sie nicht. Sie lösen – eventuell – Transformation aus. Das ist ein wesentlicher Unterschied. All diese Aktivitäten verlaufen ›im Vordergrund‹, auf mehr oder weniger offener Bühne. Sie sind planbar, steuerbar, können meist exakt beschrieben, gemessen und dokumentiert werden. Sie lassen sich quantifizieren, kontrollieren und nachverfolgen. Transformation (dagegen) läuft ›im Hintergrund‹.«[4]

Was die Missverständlichkeit des Begriffs Transformation betrifft, so sehe ich gewisse Ähnlichkeiten mit dem Begriff Digitalisierung, der häufig mit Digitaler Transformation verwechselt wird. Im Kapitel »Einflüsse der Digitalisierung auf menschliche Kommunikation« bin ich bereits detailliert darauf eingegangen.

Verwechslung, Vermischung, Missverständlichkeit – auch die Transformation trifft oft genug ein ähnliches Schicksal. Eine neue Software im Unternehmen ist nicht gleich Transformation. Die Software ist lediglich ein Tool, das dem Transformationsprozess nützlich sein kann. Transformation ist ein Prozess, kein Werkzeug. Wir sollten aber schon wissen, wovon wir reden, wenn wir von Transformation sprechen. Das ist eine Grundregel der Kommunikation und relevant für das Verständnis miteinander und das Verstehen von Sachverhalten.

Wandel passiert – aber nicht von heute auf morgen

Ungeduld kann ein Antreiber sein. Allerdings kann sie auch zu Frust und Resignation führen, wenn es nicht so schnell geht, wie man sich das vorstellt. Dann kommt einem der Prozess wie eine Prozedur vor – quälend langsam. Wie eben der Transformationsprozess. Bei den großen Veränderungen ist es leider nicht damit getan, einfach nur einen Schalter umzulegen. Bei der Transformation etwa haben wir es mit einem sehr großen Rad zu tun, das wir drehen müssen. Ein Rad, das sich nur sehr langsam dreht. Darum ist es wichtig, zwischendurch auch immer wieder die Fortschritte laut und deutlich zu kommunizieren, damit wir diese auch wahrnehmen. Vor allen dann, wenn wir in einer Zeit leben, in der wir mit Negativmeldungen zugeschüttet werden. Dann hat das Positive in der Kommunikation kaum noch Platz. Die Chance für Good News, gehört zu werden, sinkt deutlich. Die Folge: In der Gesellschaft manifestiert sich der Eindruck, es würde gar nichts Gutes mehr passieren in Deutschland und der Welt. Und am Ende ist sogar die ganze Welt böse. Tatsächlich gibt es jedoch immer wieder Lichtpunkte, die man allerdings zum Strahlen bringen muss. Und das geht nur durch eine massive Positivkommunikation. Und das heißt nicht, dass wir die Welt einfach nur durch die rosarote Brille anschauen müssten. Schauen wir uns doch beispielhaft die Erfolge der Transformation auf dem heimischen Sektor der Energiegewinnung an. Die rosarote Brille können Sie dabei getrost von der Nase lassen und der Realität ungefiltert ins Auge schauen.

Anfang Januar 2024 konnte, wer wollte, in den Medien lesen und hören, dass im vorangegangenen Jahr in Deutschland erstmals mehr als die Hälfte des Stroms aus erneuerbaren Energiequellen sprudelte – nämlich 56 Prozent. Das zeigten die Zahlen der Bundesnetzagentur.[5] 2022 waren es noch 47,4 Prozent. Laut einem Bericht des Umweltbundesamtes[6] aus dem Jahre 2020 lag der Anteil in 2018 noch bei 37,8 Prozent und in 2019 bereits bei 42,1 Prozent. Das sind über 18 Prozent in fünf Jahren. Die Entwicklung ist also erfreulich. Es geht kontinuierlich in eine grüne Zukunft, was die Stromerzeugung betrifft. Und im Jahre 2023 wurde erstmals deutlich die 50-Prozent-Marke geknackt. Wenn es in diesem Tempo weitergeht und wir sogar noch eine Schippe drauflegen, also in den nächsten fünf Jahren 25 Prozent zulegen, werden wir die angestrebten 80 Prozent im Jahr 2030 erreichen. Regenerative Energien – Wind, Sonne, Wasser – sind klar auf dem Vormarsch. Aber von Trommelwirbel und Hurra-Rufen ist so gut wie nichts zu hören. Oder wir hören den Jubel einfach nicht und sind ein Opfer unserer kognitiven Fehlleistungen, die unsere Wahrnehmung von der Welt ins Negative verzerren. Dazu kommt die Angstlust. In den Augen vieler geht es mit Deutschland nur noch bergab. Und ja, früher war ganz sicher alles besser. Da war man jung, dynamisch und hatte sich selbst und die Gesellschaft noch im Verdacht, alles könnte immer besser werden. Doch jetzt ist alles nur noch schlimm in Deutschland. Oder? Oder eben doch nicht alles?

Nehmen wir 2023. Krise, Krise, Krise. Um nicht zu sagen: ein Land im Krisenmodus. Krisenmodus hatte das Zeug, zum Wort des Jahres zu werden. Als hätten wir nicht schon genug davon. Sie gehen um im Land wie Gespenster: Schattenhaushalte, Inflation, Zugverspätungen, Brückensperrungen, Fußballpleiten, Sondervermögen. Wirklich gespenstig. Alles war so düster, man konnte gar nichts mehr sehen. Das sprichwörtliche Glas war gefühlt nicht nur halb leer, eher schon Leergut. Gut, voll war das Glas in Deutschland wirklich nicht, aber war es jetzt halb leer oder halb voll? Und was war drin im Glas, wenn es tatsächlich nur halbvoll gewesen sein sollte? »Auf uns alle strömen so viele negative Nachrichten ein. Ich glaube, es ist sehr wichtig, dass wir uns daran erinnern, wie viele gute Dinge uns umgeben«[7], sagte Patrick Kramer Mitte Dezember 2023 in *Quer*, der Satiresendung des *Bayerischen Rundfunks*. Kramer ist Präsident der Max-Planck-Gesellschaft in München und hatte zu diesem Zeitpunkt, da Deutschland in Endzeitstimmung war, erfreulicherweise Anlass, dass Glas halbvoll zu sehen. Denn ein paar Tage zuvor war einer seiner Forscherkollegen in Stockholm mit dem Nobelpreis ausgezeichnet worden, der ungarische Physiker Ferenz Kraus, der in Garching bei München lehrt. Für die Max-Planck-Gesellschaft, die größte deutsche Forschungsgesellschaft, war das bereits der sechste Nobelpreis in den vergangenen vier Jahren. Insgesamt haben sie schon 31 Nobelpreise eingeheimst. Das sind sogar mehr, als die amerikanische Nobel-Uni Harvard vorweisen kann. Hätten Sie das gedacht? Patrick Kramer weiter:

> »Das heißt, wir spielen in dieser Weltliga. Und wir sehen daran auch, dass der Forschungsstandort Deutschland sehr wohl ganz vorne mitspielt, dass dieser Standort sehr wohl attraktiv ist für die Besten in der Welt. Ich glaube, das ist auch eine Antwort darauf, wie man diesem Fachkräftemangel begegnen kann.«[8]

Wie man erfährt, setzen also hier in Deutschland die Fachkräfte von morgen schon heute Maßstäbe. Apropos Fachkräfte von morgen: Deutschland ist 2023 U-17-Fußballweltmeister geworden. Und darf ich ebenfalls daran erinnern: Wir können auch Basketball. Der aktuelle Weltmeister der Männer 2023 heißt Deutschland. Darauf könnten wir anstoßen. Aber:

> »Wir Deutschen tendieren manchmal so ein bisschen dazu, die Dinge etwas negativer zu sehen, als sie wirklich sind. Wir haben die Meinungsfreiheit, die Pressefreiheit und natürlich auch die Wissenschaftsfreiheit. Und all diese Freiheitsrechte gelten ja für mehr als die Hälfte der Weltbevölkerung nicht.«[9]

Auch hier ist Deutschland also spitze. Und trotzdem: Für viele Bürger scheint weniger drin zu sein im Glas – und leider auch in der Politik:

> »Fast zwei Jahre regiert die Ampelkoalition nun – und gemessen an der Abarbeitung ihres Koalitionsvertrags fällt die Halbzeitbilanz laut einer Studie [der Bertelsmann-Stiftung] beachtlich aus. [...] Fast zwei Drittel der Vorhaben seien entweder umgesetzt oder angepackt worden. [...] Die öffentliche Wahrnehmung als ›Streitkoalition‹ sei allerdings eher negativ. [...] So ergab eine [...] Umfrage, dass nur 12 Prozent der Menschen in Deutschland meinen, von den vereinbarten Koalitionsversprechen seien ›alle oder fast alle oder ein großer Teil‹ umgesetzt worden. Hingegen glauben 43 Prozent der Befragten, es würden nur ›ein kleiner Teil oder kaum welche‹ der Versprechen realisiert.«[10]

Mein Fazit, was die Arbeit der »Ampel« betrifft: Transformation gut. Kommunikation grottenschlecht. Obwohl etwas in Deutschland vorangeht, haben viele den Eindruck, es ginge nur noch bergab. Es ist zum Jammern, denn die öffentliche Wahrnehmung und die Realität klaffen sehr weit auseinander. Die Ampelkoalition gilt in der öffentlichen Wahrnehmung als zerstritten. Dieses Bild bekommen wir von den Medien täglich vermittelt. Ich verlange mehr positive Nachrichten! Und: Wer ist eigentlich der Kommunikationsberater der Regierung? Wer lässt eigentlich zu, dass die Streitpunkte der Koalition immer öffentlich inszeniert werden? Der oder die Kommunikationsberater erhalten von mir ein »Mangelhaft«. Und »Mangelhaft« heißt: Es gibt verdammt viel Luft nach oben. Apropos Luft nach oben: Sehen Sie das auch? Wenn wir mehr die Erfolge betrachten, die es ja gibt, wirkt das Glas irgendwie voller, also gewissermaßen halbvoller. Patrick Kramer dazu:

> »Also wir Wissenschaftlerinnen und Wissenschaftler sind es eigentlich gewohnt, dass es Rückschläge gibt. Ja. Und wenn man aber das große Ziel immer vor Augen hat und weiß, dass man dann irgendwann dort hinkommen kann, und diese Positivfokussierung macht, dann kann man auch mal die Talsohle durchschreiten.«[11]

Dass dieser Prozess – den wir hier Transformation nennen – seine Zeit braucht, liegt in der Natur des grundlegenden Wandels. Darum spreche ich Ihnen MUT und positive Energie zu, denn die Transformation wird nie enden.

WIR KOMMUNIZIEREN MIT DER ZUKUNFT UND NEHMEN MIT!

Fünf Take-aways, die auf dem Weg zur Transformation Orientierung geben:

- An die Politik: Für mehr Transformation sind mehr Transparenz, mehr Koordination und mehr Planungssicherheit notwendig.
- An die Politik: Der gesetzliche Rahmen muss vereinheitlicht und an die Transformation angepasst werden – nicht umgekehrt.
- An die Politik: Die regionalen Entwicklungschancen müssen im Prozess der Transformation bedacht und gestärkt werden.
- An die Politik: Transformation ist ohne den Blick über die Grenzen nicht machbar. Transformation muss europäisch betrachtet werden.
- An die Politik: In der Transformation müssen vor allem die KMU unterstützt und gefördert werden, weil sie weniger Ressourcen haben.

TIEFGREIFENDE VERÄNDERUNGEN AUFGREIFEN, BEGREIFEN UND KOMMUNIZIEREN

Die Transformation beginnt im Kopf. Ich nenne es die Transformation des Denkens. In Unternehmen spielen vor allem die Köpfe der Mitarbeiter und Mitarbeiterinnen eine entscheidende Rolle als treibende Kraft. Sie bringen nicht nur ihr Wissen, ihre Fähigkeiten und ihre Future Skills mit, sondern auch ihre Erfahrungen, ihre Perspektiven und ihre Leidenschaft. Nehmen wir die Digitale Transformation. Bekanntlich sind die digitalen Veränderungsprozesse längst in vollem Gange und legen fortlaufend an Tempo zu. Digitale Transformation ist aber kein Problem, das es zu lösen gilt, sondern vielmehr eine gesellschaftliche und wirtschaftliche Herausforderung, die angenommen werden muss. Mitarbeitende, die über die richtige Einstellung dazu verfügen, können Veränderungen motiviert angehen und den Wandel im Unternehmen vorantreiben.

Transformationsbereitschaft ist die Voraussetzung für Transformationsfähigkeit. Führungskräfte müssen hier Farbe bekennen und Führung übernehmen. Denn wer in Unternehmen zukunftsweisende, neue Wege gehen und Transformationsprozesse voranbringen will, muss oft erst Überzeugungsarbeit leisten. Was tun, wenn Mitarbeiter zurückhaltend reagieren und wenig Mut zur Veränderung zeigen? Ich rate dazu, Veränderungen proaktiv anzugehen und im Kontext der digitalen Transformation zunächst das Digital Mindset zu justieren, um so alle in Sachen digitale Transformation einzuschwören. Was heißt, das Digital Mindset zu justieren? Meine Antwort lautet hier: Beim Denken müssen wir die Richtung ändern. Nicht linear denken, nicht in Ursache-Wirkung-Zusammenhängen. Wir müssen wie Kreative denken. Kreatives Denken oder vernetztes Denken folgt keinen logischen und methodischen Grundsätzen. Anders zu denken, als herkömmlich gedacht wird, heißt auch, sich nicht dem Mainstream anzupassen. Dazu braucht es Mut. Das kann der Mut sein, im Meeting überzeugt »ja« zu sagen, obwohl mehrheitlich für »nein« gestimmt wird. Mut wird in aller Regel durch Erfolg belohnt. Dieser kann auch darin bestehen, dass die anderen Meeting-Teilnehmer dem Ja-Sager ihre Anerkennung zollen. Der Mut wird belohnt, selbst wenn die Mehrheit bei einer anderen Meinung bleibt. Oder – noch besser – bei allen am Tisch setzt eine Transformation des Denkens ein, weil ein Einzelner den Anstoß dazu gegeben hat. Das Mindset aller wird justiert.

Mut im Sinne von Entschlossenheit

Voraussetzung, gegen den Strich zu argumentieren, den Vorstoß zu wagen und sich mutig durchzusetzen, sind starke Argumente, zum Beispiel in Form einer vergleichenden Analyse, die man aufgrund einer eigenen kreativen Denkweise entwickelt hat – gleichzeitig mit der Bereitschaft, Verantwortung dafür zu übernehmen. Das bedeutet auch: Es reicht nicht, nur anders zu denken, einfach um anders zu denken, sondern man sollte auch gute Gründe liefern, warum eine andere unkonventionelle Denkweise zum Erfolg führen kann. Auch, wenn sie radikal anders erscheint. Als Führungskraft tut man sich damit leichter. Denn Führen heißt nun einmal: vorausgehen. Das kann man von einer Führungskraft erwarten. Mitarbeitende, die vorausgehen, brauchen definitiv mehr Mut. Herrscht im Unternehmen jedoch eine Kultur der Veränderung und Weiterentwicklung, die von der Führung vorgelebt und honoriert wird, kann sich die treibende Kraft der Mitarbeiter und Mitarbeiterinnen entfalten:

> »Organisationen müssen heutzutage in der Lage sein, sich schnell an neue Umstände anzupassen und ihre Geschäftsmodelle kontinuierlich zu transformieren. Die Geschwindigkeit des Wandels erfordert Flexibilität, Anpassungsfähigkeit und den Willen, traditionelle Denkmuster zu überwinden. Dies setzt eine Kultur der kontinuierlichen Weiterentwicklung und Lernbereitschaft, sowohl auf individueller als auch auf organisatorischer Ebene, voraus. Un-

ternehmen sollten ihre Mitarbeitenden ermutigen, sich weiterzuentwickeln, neue Fähigkeiten zu erwerben und sich kontinuierlich weiterzubilden, um immer komplexere Herausforderungen in immer kürzerer Zeit bewältigen zu können.«[1]

Um unkonventionelle Denkansätze proaktiv kommunizieren zu können, ist eines jedoch grundsätzlich entscheidend: In den Köpfen aller Beteiligten im Unternehmen muss eine Überzeugung klar verankert werden – Mut zur Transformation kann einen signifikanten Wettbewerbsvorteil bringen und möglicherweise dem gefürchteten Prozess der Disruption entgegenwirken. Digitale Transformation – um darauf zurückzukommen – bedarf einer offenen und positiv erwartungsvollen Grundhaltung nicht nur gegenüber neuen Technologien, sondern vor allem gegenüber dem Transformationsprozess selbst.

Habe ich gerade gesagt, dass die Transformation der Disruption entgegenwirken kann? Ein klares »Jein«. Denn grundsätzlich braucht es zunächst einmal eine plötzliche, eruptive Veränderung, unmittelbar heftig, um die Transformation anzustoßen. Die vertrauten Bedingungen müssen sich zuallererst revolutionär ändern. Sonst kommt es erst gar nicht zu einer Transformation. Es braucht etwas Elementares, das aufschreckt. Den großen »Knall«. Ohne die »plötzliche« Erderwärmung und die sichtbaren Folgen (Feuer, Stürme, Überschwemmungen) gäbe es keine echten Anstrengungen, die Energiewende anzustoßen. Es würde kein Umdenken einsetzen. Das kennen wir vielleicht auch noch aus der Physik. Das Newtonsche Trägheitsgesetz: Ein ruhender Körper verharrt in Ruhe, wenn keine äußeren Kräfte auf ihn einwirken. Und auch ein Körper, der sich in Bewegung befindet, bewegt sich mit konstanter, immer gleicher Geschwindigkeit weiter, solange keine äußeren Kräfte auf ihn einwirken. Statt träger Materie müssen wir uns in unserem Kontext die Trägheit gesellschaftlicher Systeme oder Organisationen vorstellen. Wenn nach dem »Knall« dann die Transformation eingesetzt hat und in Gang kommt, dann »glättet« sie die Disruption gewissermaßen wieder. Die zerstörerische Kraft verwandelt sich in eine antreibende Kraft, die es für die Transformation unbedingt braucht.

Stellt man sich die Transformation wie ein Rad vor, dass sich in Richtung Zukunft dreht, heißt das noch nicht, dass wir wissen, wohin uns die Drehbewegung am Ende wirklich führen wird. Ich will damit sagen, dass niemand das genaue Ergebnis der Transformation vorhersagen kann. Wer behauptet, dass sich der Zielpunkt bestimmen ließe, liegt falsch – oder will uns täuschen. Das genaue Ziel ist ungewiss. Niemand weiß, wie die Welt morgen aussehen wird. Selbst, wenn man einen ausgeklügelten Plan hätte. Ein Plan verläuft nicht wie auf Schienen, sondern kann immer nur eine Richtschnur sein.

Dass auch ein Transformationsprozess nicht immer linear verläuft, sprich, sich ab einem Punkt chronologisch nach vorn entwickelt, sondern auch Rückbesinnung heißen kann, kommt mir in den Kopf, wenn ich an meinen Opa denke. Allgemein gilt die Wendung rückwärts ja nicht als attraktiv und sinnvoll. Aber Denken in eine andere Richtung schließt keine Richtung aus. Sagt Ihnen der Begriff Ganztiernutzung etwas? Ein neuer Trend? – Wenn mein Opa noch leben würde, würde er mich mit großen Augen ansehen und mich fragen, ob ich noch ganz bei Trost sei: »Junge! Nose to tail? Willst du mich veräppeln? Warum sollte ich was wegwerfen?« *Nose to tail* hätte mein Opa natürlich nicht gesagt. Eher schon von der Schnauze bis zum Schwanz. Wenn bei uns früher in den 1970er Jahren auf dem Hof ein Schwein geschlachtet wurde, verfuhr man mit dem Schwein nach dem Schlachten genau nach diesem Prinzip. Nichts wurde weggeworfen. Alles wurde verwendet. Nase, Ohren, Füße, Schwanz; die Innereien wie Leber, Herz, Niere, Hirn; auch Blut und Knochen – alles hatte einen Wert und wurde verwertet und verwurstet. Was für unsere Großeltern noch selbstverständlich auf den Teller kam, wurde von nachfolgenden Generationen lange Zeit verschmäht. Für unsere Großeltern war die Ganztierverwertung auch keine Frage der Ethik. Es war normal, dass sie ein Tier nicht nur um seines Filets willen hielten und schlachteten. Heute findet wieder eine Transformation des Denkens in genau diese Richtung statt. Was man vor fünfzig oder hundert Jahren überall auf allen Höfen gemacht hat, feiert jetzt in der hippen Gastroszene von London und Berlin ein fröhliches Revival. Plötzlich ist es ein Trend mit einem schönen englischen Namen. Mahlzeit! Ach ja, und die Vegetarier unter meinen Leserinnen und Lesern mögen mir dieses Beispiel bitte verzeihen.

Transformation braucht schnelle Entscheidungen

Meine Partner in der Transformation sind mein Instinkt, mein Glück, mein Wissen, mein Mut, mein menschliches Gespür, meine Erfahrung und meine Gabe, Signale zu deuten. Diese Eigenschaften versetzen mich in die Lage, schnelle Entscheidungen zu treffen, die ich im Prozess der Transformation unbedingt benötige. Jeder Mensch ist im Prinzip mit gewissen Sensoren ausgestattet, die ihm helfen, dass Richtige zu tun. Oft haben wir jedoch verlernt, diese Sensoren zu nutzen beziehungsweise uns auf sie zu verlassen. Wir müssen unsere Sinne wieder schärfen. Aufmerksamkeit, Wahrnehmung und Achtsamkeit machen keine Esoteriksuppe. Es ist absolut sinnvoll und pragmatisch, sich damit zu beschäftigen. Denn wir müssen uns selbst (wieder) besser kennenlernen. Unsere Betrachtung müssen wir dabei nach innen richten. Die Beschäftigung mit uns selbst darf nicht allein vor dem Spiegel stattfinden.

Wagen wir daher einen Blick zurück in die dunklen Tage der Evolution und fragen uns: Warum handeln Menschen heutzutage so oft gegen die Vernunft? Mit folgender These verhelfe ich mir zu einer Erklärung, die ich aber empirisch nicht belegen kann. Ich stelle mir das so vor: Weil der Mensch vor einigen tausend Jahren den falschen Weg eingeschlagen hat, fehlt ihm heute vermutlich der Mut, dass vermeintlich Richtige zu tun.

Zwei Steinzeitmenschen sitzen im Schein ihres Lagerfeuers vor ihrer Höhle und sprechen darüber, wie die Zukunft der Menschheit aussehen werde. »Wird es uns morgen noch geben?«, fragt der eine. »Lass uns in Ruhe darüber nachdenken, was wir besser machen könnten«, sagt der andere, als beide das Gebrüll eines Löwen hören. »Nichts wie weg«, sagt der eine und wählt die Flucht. – Wer von den beiden hat wohl später noch seine Gene weitergeben können? Antwort: natürlich der, der geflohen ist. Dieses Verhalten steckt auch heute noch ganz tief in uns drin: Wer flieht, überlebt. Das Dumme dabei ist allerdings, dass der Steinzeitmensch, der die Flucht ergriffen hat, sehr bald wieder Gelegenheit haben wird, dem Löwen erneut zu begegnen. Das eigentliche Problem wurde mit der Flucht nicht gelöst. Das Problem bleibt in der Welt. Die Lösung wurde vertagt. Interessant ist, dass wir Menschen auch heute noch vielfach ein ähnliches Verhalten an den Tag legen. Sehen wir ein Problem auf uns zukommen, wählen wir meist die Flucht. Lieber fliehen wir, bevor wir uns ändern, sprich, bevor wir uns dem Problem stellen. Meist sind wir gegen Veränderung. Denn uns Menschen fällt es leichter, Gründe zu finden, etwas nicht zu tun, als Gründe dafür zu suchen, es in jedem Fall zu tun. Wir gehen am liebsten den Weg des geringsten Widerstands. Und das heißt: Wir gehen dem Problem aus dem Weg. Nehmen wir die Klimakrise: Lieber negieren wir die Erderwärmung und tun nichts dagegen (oder zu wenig oder zu langsam). Wir verweigern uns und wählen die bequeme Handlungsvermeidung.

Wenn ich hier von »Menschen« spreche, dann bewusst deshalb, weil ich mit dieser Verallgemeinerung tatsächlich jeden von uns anspreche, der etwas für den Planeten tun könnte. Und das sind nun einmal wir alle. Wir müssen alle darüber nachdenken, was wir besser machen könnten, damit es eine bewohnbare, lebenswerte Erde auch morgen noch gibt.

Transformation ist »Part of a Game«

Dass eine Grundproblem, warum wir uns nicht ändern, ist also unsere Trägheit verbunden mit der Angst vor der Veränderung selbst. Das andere Grundproblem ist Folgendes: Wir wissen zwar alle, dass etwas geändert werden muss, damit es in Zukunft weitergeht, aber wir bekommen heute nichts dafür. Wir bekommen keine Belohnung. Uns hemmt die Frage: Was habe ich jetzt davon, an die zukünftige Generation zu denken? Warum sollte ich in Vorleistung gehen?

Und was tut die Politik dafür? 2045 ist noch weit. Es sind vom Erscheinen dieses Buches aus gerechnet noch über zwei Jahrzehnte, bis Deutschland laut Gesetzbeschluss klimaneutral sein will. Ach, dann haben wir ja noch Zeit. Apropos Zeit: Der Chef des Otto-Konzerns, Alexander Birken, wurde im Januar 2024 im Interview mit der *ZEIT* gefragt, was er der aktuellen Bundesregierung raten würde, was sie tun solle, um die ökologische Wende voranzutreiben. Birken:

> »Sie muss mehr Anreizsysteme zum Ausbau der regenerativen Energien schaffen. Forschung und Entwicklung sind ebenfalls wichtig. Wir sind exzellent bei der Grundlagenforschung,

schaffen es aber zu selten, die Erkenntnisse in echte Produkte oder Geschäftsmodelle zu verwandeln.«[2]

Anreize zur Verhaltensveränderung (Belohnungen) müssen aber nicht nur von außen kommen. Wir müssen uns auch selbst in unserer Transformationsbereitschaft bestärken. Zum Beispiel sollten wir dazu immer wieder einmal unsere getroffenen Entscheidungen hinterfragen. Das mache ich selbst auch regelmäßig – manchmal spontan auf der Bühne oder nach einem Auftritt auf der Fahrt nach Hause. Manchmal passieren aber auch Dinge im Alltag, die mich mein Verhalten und meine Entscheidungen hinterfragen lassen. Etwa, wenn ich mich etwas Neuem verschlossen habe und mich danach frage: »Warum eigentlich?« Wenn ich hierauf eine Antwort finde, werde ich in Zukunft eher bereit sein, mich zu wandeln. Solch ein Erlebnis hatte ich zuletzt vor Weihnachten. Ich fuhr in die nächste Stadt, ging in einen Parfumladen und wollte mir einen neuen Duft gönnen. Die Juniorchefin kam zu mir, sprühte einen Duft auf einen weißen Papierstreifen und wedelte damit vor meiner Nase: »Das ist ein neuer Duft. Die Hauptnote ist Sandelholz.« Als sie sah, dass ich wenig Begeisterung zeigte, hielt sie mir eine andere Parfumprobe vor die Nase. »Ist das etwa auch Sandelholz?«, fragte ich. Ich war skeptisch. Jedenfalls konnte ich mit dem Duft nichts anfangen. Einen Sandelholzbaum kannte ich nicht. Was ist Sandelholz? Wächst das bei uns? Groß, klein, dick, dünn, welche Farbe? Wann blüht der Baum? Oder ist es ein Strauch? Noch nie im Leben hatte ich Sandelholz gesehen. Jedenfalls sträubte sich alles in mir, was diesen Duft betraf. Auch der Juniorchefin war das nicht entgangen, und sie holte einen anderen Duft zur Probe. »Radikal anders«, sagte sie. Diesmal durfte ich selbst mit dem Duftstreifen wedeln. Sie betrachtete mich dabei und meinte: »Der riecht nach alten Autoreifen, richtig?« Ich schnupperte und fand ihn super, toll, auch wenn er fast 40 Euro mehr kostete als der Sandelholzduft. Das war meiner! Die Hauptnote, so ließ ich mir erklären, sei Talkum. Talkum kommt etwa dort zum Einsatz, wo man mit Autoreifen hantiert: beim Reifenwechsel. Ich fragte mich, warum ich auf Talkum stand. Der Duft dieses weißlichen Pulvers hatte mich getriggert. Schließlich kam ich drauf. Es hatte mit einem Kindheitserlebnis zu tun. Wenn ich als kleiner Junge bei meinem Vater in der Autogarage dabei sein durfte, während er die Reifen wechselte, stieg mir dieser Geruch in die Nase. Der Duft von Talkum hatte diese – mit positiven Gefühlen verbundene – Erinnerung in mir wieder hervorgeholt. Hätte ich meine Entscheidung gegen Sandelholz nicht hinterfragt, wäre mir nicht eingefallen, warum ich mich dem Neuen versperrt hatte. Der Geruch von Talkum war in meiner Erinnerung abgespeichert. Verbunden mit starken positiven Gefühlen. Da hatte das Sandelholz keine Chance. Auch mein Gehirn ist eben von Natur aus bequem und will alte, vertraute Muster nicht aufgeben. Genau das muss auch ich mir immer wieder bewusst machen, wenn ich aufgefordert werde, neue Wege zu gehen – neue Wege, wie das eben auch für die Transformation gilt.

Die Bereitschaft, sich auf Herausforderungen einzulassen, die mit Veränderung verbunden sind, verlernen wir schon in Kindheitstagen. Auf der Bühne zeichne ich oft ein Haus auf ein Flipchart und male sehr viele Fenster hinein. Jedes Fenster steht für eine Möglichkeit im Leben oder einen interessanten Weg, den wir gehen könnten. In dem einen Fenster steht »Fußball«; in dem anderen Fenster »Musik«; im nächsten »Tanz«. Jedes Fenster ist ein Angebot, eine Chance. Und dann höre ich, wie diese Stimmen sagen: Jakob, du kannst nicht Fußball spielen! Jakob, du kannst nicht singen! Jakob, du kannst nicht malen! Jakob, du bist nicht musikalisch! Und mit jedem »du kannst nicht«, schließt sich ein Fenster. Leider sind diese Stimmen für Kinder sehr prägend. Sie glauben, was sie hören. Vor allem, wenn die Stimmen von den Eltern, Großeltern oder anderen Vertrauenspersonen kommen. Und so verschließen sich die Kinder ihrer Möglichkeiten wie die Fenster, die geschlossen werden.

Auf der Bühne rate ich meinem Publikum, diese Fenster wieder zu öffnen. »Machen Sie Dinge, die Sie noch nie im Leben gemacht haben, die Sie gerne tun würden oder immer schon tun wollten. Und dabei geht es nicht darum, ob Sie das, was Sie tun, gut können oder nicht, sondern es kommt darauf, dass Sie sich selbst eine Freude damit machen, dass Neue, Unbekannte auszuprobieren. Ich habe mir zum Beispiel eine Gesangsstunde genommen, obwohl ich nicht gut singen kann. Ich habe einen Snowboardlehrer engagiert, einen Snowboardlehrer für Blinde, und wir sind gemeinsam auf einem Board über den Hang runtergebraust.«

Was das spielerische Element betrifft, so empfehle ich, diesen Ansatz durchaus ernst zu nehmen. Auch oder gerade im Kontext der Transformation. Denn Transformation ist auch »Part of a Game« um die Zukunft. Und das heißt: Jetzt wird gepokert. Also pokern Sie mit, und bestimmen Sie das Spiel. Verharren Sie nicht in der Zuschauerrolle, sondern nutzen Sie aktiv Ihre Chance, die die Transformation mit sich bringt. Es ist ein Spiel um die Chancen der Zukunft. Spielen Sie sich in den Vordergrund. Erfolg im Business gelingt auch morgen vor allem mit Sichtbarkeit, mit Klugheit, mit Mut, mit Verlässlichkeit und mit den entsprechenden technologischen Ressourcen. Verschaffen Sie sich Zugang!

Vor einiger Zeit las ich einen Artikel, in dem man der Frage nachging, wie man Tomaten auf dem Mars pflanzen könne. Warum um Himmels willen, dachte ich, sollte man Tomaten auf dem Mars anpflanzen? Klar, ich habe jetzt nichts davon. Selbst wenn ich es wüsste oder alles dafür tun könnte, um Tomaten auf dem Mars anzupflanzen. Aber vielleicht ist es in einigen Jahrzehnten gang und gäbe. Und dann erinnert man sich an jemanden, einen Pionier, der als Erster Tomaten auf dem Mars anpflanzte und heute daraus Kapital schlägt. Und die Zweifler müssen dem »Spinner« zusehen, wie er seine Ernte einfährt.

Wir müssen uns die Frage stellen, was normal ist. Ist etwas normal, nur weil alle es tun? Oder ist es normal, Dinge zu tun, die andere nicht tun? Wenn wir die zweite Frage mit »ja« beantworten, wäre das eine echte Transformationsleistung des Denkens. Dazu müssen wir den Druck der Masse aushalten können, die uns sagen will, was normal ist und was nicht. Ein Sprichwort sagt: Nur wenn genug Druck da ist, entstehen auch Diamanten.

Nur Mut: Machen Sie unter dem, was Sie nicht weiterbringt und Sie im Transformationsprozess behindert, einen Schlussstrich mit dem dicksten schwarzen Edding, den Sie haben.

WIR KOMMUNIZIEREN MIT DER ZUKUNFT UND NEHMEN MIT!

Fünf Take-aways, die auf dem Weg zur Transformation Orientierung geben:

- Die beruflichen Aus- und Weiterbildungssysteme müssen für die Transformation gestärkt werden. Politik liefert Rahmenbedingungen. Industrie muss implementieren.
- Politik, Wissenschaft und Industrie müssen den Ausbau der erneuerbaren Energien und der Wasserstoffwirtschaft gemeinsam vorantreiben.
- Eine zügige Transformation muss von den Mitarbeitern getragen werden. Darum muss die Mitbestimmung genutzt und modernisiert werden.
- Der Investitionsbedarf im Zuge der Transformation ist sehr hoch. Die Transformation muss daher sozial- und generationengerecht finanziert werden.
- Eine Verlagerung industrieller Wertschöpfung ins Ausland aufgrund hoher Transformationskosten muss verhindert werden.

WAS BRINGT KÜNSTLICHE INTELLIGENZ? UND WIE BRINGT SIE UNS WEITER?

Wenn man es genau nimmt, ist ChatGPT nicht gleich künstliche Intelligenz, sondern eine KI-basierte Chatbot-Lösung, die es Usern ermöglicht, mit einer künstlichen Intelligenz wie mit einer Person zu sprechen. Trotzdem sprechen wir allgemein von einer KI, um es uns einfach zu machen. ChatGPT ist auch nicht per se Transformation. ChatGPT ist eine Technologie, ein Werkzeug. Es macht noch kein Werk. Aber ChatGPT ist dennoch extrem spannend, etwa wenn man die KI in Bezug zur digitalen Transformation setzt. Dann kann man in ChatGPT eine ganze Reihe von Parallelen zu einer Transformation erkennen. Warum? Weil in ChatGPT selbst eine große Veränderungskraft steckt.

ChatGPT ist so ziemlich in aller Munde. Es herrscht eine große Neugier. Selbst die, die es noch nicht ausprobiert haben, reden davon, nur um mitzureden. Von der digitalen Transformation kann man das längst nicht behaupten. Das Thema ist weniger populär. Die Digitalisierung, als Voraussetzung, läuft allgemein schleppend. Vor allem Schulen hinken hinterher. Das digitale Klassenzimmer, von dem gerne gesprochen wird, ist in Deutschland und Österreich noch Wunschdenken. Digitale Kompetenzen erwerben Kinder und Jugendliche weitgehend immer noch jenseits der Schule. Glück hat, wer in einem Elternhaus aufwächst, das mit Smartphone, PC und Laptop sowie gutem Internet ausgestattet ist. Das zeigte sich vor allem während der Corona-Zeit in den Lockdownphasen. Doch ob die digitale Transformation in unserer Gesellschaft einen Durchmarsch hinlegen wird, hängt auch von der heranwachsenden Generation ab. Denn der Transformationsprozess ist ein langwieriger. Da wird echte digitale Kompetenz gebraucht. Es herrschen Zweifel angesichts des Status quo.

Anders ist die Stimmung gegenüber ChatGPT. Schülerinnen und Schüler bekommen leuchtende Augen. Aber auch Lehrkräfte freuen sich. ChatGPT kommt an, denn die Software sorgt für frischen Wind und Bewegung – aber auch für Debatten. Man spürt förmlich: Da kommt etwas in Gang. Etwas verändert sich. Und zwar nicht nur an der Oberfläche. Die Veränderung ist mehr als eine Veränderung im Sinne von einem Change. Dieser Prozess geht tiefer. Das ist Transformation.

Übersetzt bedeutet ChatGPT (Chatbot Generative Pretrained Transformer) so viel wie »Allgemeiner vortrainierter Umwandler« – ChatGPT ist also auch ein Umwandler, Transformer; umgewandelt werden dabei riesige Datenmengen, die überwiegend aus dem Internet stammen. Daraus erzeugt ChatGPT mithilfe von maschinellem Lernen neue Texte, die sich von menschlich verfassten kaum noch unterscheiden lassen. ChatGPT beantwortet Fragen, die man eingibt; die Software geht dabei nach einer Wahrscheinlichkeitsverteilung vor. Bis zu einem gewissen Grad erzeugt sie dann recht eloquente, aber sehr allgemein gehaltene Texte. Manchmal erscheinen mir diese Texte fast etwas zu sachlich und makellos. ChatGPT ist nicht wirklich intelligent, sondern reiht möglichst sinnhaft Wort für Wort aneinander. Aber da steckt kein kreativer Prozess dahinter, wie bei einem Schriftsteller, der einen Roman verfasst, oder einem Journalisten, der eine gute Story schreibt. Wir haben es nicht mit einem Wesen zu tun, auch wenn uns das menschenähnliche Animationen gerne weismachen wollen. Hinter ChatGPT steckt bloße Rechenleistung, statistische Wahrscheinlichkeiten.

Wo ChatGPT in der Schule verwendet wird, verändert sie den Unterricht. Schüler können mit ihrer Hilfe zum Beispiel Sachtexte erstellen. Und auch Lehrende stellen erfreut fest, dass ihnen die Software die Arbeit erheblich erleichtert. So können sie sich von ChatGPT zum Beispiel Texte auf verschiedenen Niveaus erstellen lassen. Eine anspruchsvolle Version für Muttersprachler oder eine einfachere Fassung für einen Schüler, der noch recht wenig Deutsch spricht, weil er zum Beispiel – wie zuletzt häufig – aus der Ukraine kommt. Lehrer können sich auch von ChatGPT verschiedene Unterrichtsentwürfe vorschlagen lassen, wenn sie mit einem neuen Stoff anfangen wollen. Hier muss die Lehrkraft den gewählten Entwurf dann nur noch an ihre Klasse anpassen. Und auch beim Zeitfresser Korrekturen hilft ChatGPT die Arbeitszeit zu verkürzen. Hat ein Lehrer in der Oberstufe für die Korrektur einer Deutscharbeit vormals fünf oder sechs Stunden ansetzen müssen, korrigiert ChatGPT jetzt die Klausur vor und weist auch auf Grammatik- und Rechtschreibfehler hin. Das spart der Lehrkraft viel Zeit. Aber nicht nur: Die Software gibt auch eine erste Einschätzung bezüglich des Aufbaus und Inhalts ab. Sorgenfalten zeigen sich bei den Lehrerinnen und Lehrern allerhöchstens dann, wenn sie nicht genau beurteilen können, wer den Hausaufgabentext erstellt hat: der Schüler oder ChatGPT. Aber sich dem Neuen deshalb zu verstellen, bringt nichts. Denn ChatGPT wird aus den Schulen nicht mehr verschwinden. Allerdings hat das Konsequenzen. Eine heißt: Wahrscheinlich müssen wir uns von den guten alten Hausaufgaben verabschieden. Stattdessen werden an diesen Schulen Home-Learning-Zeiten vorgegeben, die jeder Schüler individuell nutzen kann. Diese Lernzeiten, etwa um sich auf Klausuren vorzubereiten oder bestimmte Lerndefizite aufzuarbeiten, müssen dann protokolliert werden. Hier sehen wir, wie sich durch den Einsatz einer Software – nennen wir es der Einfachheit halber weiter KI – Transformation passiert, indem sich ein Arbeitsprozess verändert.

Apropos Arbeit: Der Veränderungswumms von ChatGPT wird natürlich auch ganze Berufsbilder betreffen. Seit ChatGPT im Dezember 2022 für jedermann zugänglich wurde, kam das Thema jedoch erst so richtig in der Öffentlichkeit an. Dabei gab es ChatGPT3 schon rund zwei Jahre früher. Das zeigt, dass die Entwicklung eigentlich schon länger hätte absehbar sein können. Jetzt trifft sie uns mit Wucht. Aber so ist das eben. Und das muss uns daran erinnern, dass wir nicht vergessen dürfen, dass das, was uns gestern erfolgreich gemacht hat, nicht zwangsläufig das sein muss, was uns auch morgen noch erfolgreich trägt. Ganz gleich, welcher Branche wir angehören. Aber klar, niemand kann immer alles auf dem Schirm haben. Wir müssen aber realisieren, dass keine Entwicklung so ganz »out of the blue« kommt. Als Unternehmer brauchen wir eine Antenne für viele Themen.

Ich denke, dass es eigentlich in jedem Unternehmen einen Scout bräuchte, der allgemeine Entwicklungen in der ganzen Welt beobachtet. Also solche, die zunächst einmal nichts mit dem eigenen Unternehmen oder dessen Tätigkeiten zu tun haben müssen, aber in denen plötzlich Potenziale erkennbar werden, die von individuellem Interesse sein könnten. Vor allem technologischer Art. Nehmen wir ein Exoskelett. Ich hatte vor Jahren einmal mit einem Sozialunternehmer zu tun, der, weil querschnittsgelähmt, die Entwicklung eines solchen Exoskeletts vorantrieb. Sein Traum war es, eine computergesteuerte Gehhilfe auf den Markt zu bringen, die es Menschen möglich machen sollte, sich vom Rollstuhl befreit bewegen zu können. Und jetzt gibt es ChatGPT, also eine Art Exoskelett aus künstlicher Intelligenz fürs menschliche Gehirn. Eine Entwicklung, die, wenn wir so wollen, einen »Vorläufer« auf einem anderen Feld hatte. Ein Scout, wie ich ihn mir vorstelle, hätte das wahrscheinlich sehen können. Denn er würde über entsprechende Assoziationsfähigkeiten verfügen und Dinge miteinander verknüpfen, wo andere keine Verknüpfungspunkte sehen. Menschliche Intelligenz!

Exoskelett bedeutet übersetzt so viel wie Außenskelett, es ist also eine Stützstruktur, die einem menschlichen Skelett ähnlich ist – nur eben außen um den Körper herum. So könnte man sich auch ChatGPT vorstellen; wie ein zweites Hirn außerhalb unseres Kopfes, das uns hilft, Standardprozesse im Alltag und in der Arbeitswelt wesentlich leichter und effizienter zu erledigen. So ähnlich funktioniert das Exoskelett. Ein Werkzeug, das den aufrechten Gang eines Querschnittsgelähmten möglich macht. Man muss ChatGPT ebenfalls als Unterstützung sehen, nicht als Ersatz. Denken und Entscheiden müssen wir schon noch selbst. Künstliche Intelligenz? Ja, unbedingt. Aber nicht ohne menschliche Intelligenz. Aber KI als ein Tool, das uns bei unserer Denkarbeit unterstützen kann, ist ein Partner, vor dem wir keine Furcht haben müssen. Wichtig ist, dass wir ihn gut kennenlernen. Seine Stärken, aber auch seine Schwächen.

Was kann KI und was nicht? Ein Beispiel

Hätte ich mir dieses Buch auch von einer KI schreiben lassen können, dann hätte ich mir viel Zeit erspart. Künstliche Intelligenzen können sehr hilfreich sein, wenn man versteht, sie als Werkzeug zur Unterstützung der eigenen Arbeit zu nutzen. Aber leider hätte ich mir auch den Spaß am Schreiben genommen. Wie dem auch sei: Bisher ist ChatGPT weit davon entfernt, textlich und sprachlich journalistische Qualitätsarbeit zu produzieren. Da sind sich alle Experten einig. Diese Software kann auch keine Romane verfassen. Geschweige denn, einen bestimmten persönlichen Stil schreiben oder eine individuelle Tonalität treffen. So weit sind wir noch nicht. Noch nicht. Aber wie schon erwähnt, jeder Unternehmer (vom Einzelunternehmer bis zum Konzernchef) sollte die Augen offenhalten und die Ohren spitzen, bevor er von technologischen Entwicklungen überrascht wird, die ihm zum Nachteil gereichen. Da hat es der Soloselbstständige natürlich weit schwerer. Anders als der Konzernlenker oder die Führungskraft kann er niemanden bestimmen, er kann Aufgaben nicht delegieren. Der Einzelne kann die technischen Entwicklungen daher einfach nicht permanent auf dem Schirm haben.

Stichwort journalistische Qualitätsarbeit: Es gibt seit Sommer 2023 ein Magazin, das sich komplett dem Thema KI verschrieben hat und sich ausschließlich mit den Auswirkungen der künstlichen Intelligenz auf Wirtschaft, Politik, Gesellschaft und Kultur befasst. Interessant ist, dass die KI neben der Text- und Bildredaktion auf der Website des Magazins ganz selbstverständlich als Mitarbeiterin genannt wird. Hurra! Obwohl das Magazin *human* heißt, gehört ChatGPT, genauer gesagt GPT-4, zu den Mitarbeitenden des Hauses. Auf der Website wird ChatGPT als Co-Pilot bezeichnet, den man ausschließlich nach kritischer Prüfung der gelieferten Inhalte im Sinne journalistischer Sorgfaltspflicht durch die Redaktion einsetze. So heißt es dort. Ob und wie sich das journalistische Schreiben dadurch verbessert, verändert, wandelt, bleibt abzuwarten. Ist es nun mutig oder ist es kokett, offen damit umzugehen? In jedem Fall ist es ein Experiment. Mir gefällt daran, dass man nicht einfach nur über KI schreibt und beschreibt, was KI alles kann oder nicht kann, sondern als Redaktion selbst dahintersteht und ausprobiert, was KI alles kann oder nicht kann.

Transformation macht etwas mit uns

So viel ist sicher: Transformation ist weit mehr als die Implementierung digitaler Technologie. Eine größere Bedeutung für die Transformation haben die Menschen. Es klingt für Sie vielleicht nach einer Binsenweisheit, wenn ich sage: Menschen sind keine Maschinen. Trotzdem sage ich es. Denn in Veränderungsprozessen wird das gerne unter den Teppich gekehrt. Ach, stimmt ja: Die Menschen müssen auch noch mitmachen! Aber Menschen haben Gefühle, die zudem oft genug ein Eigenleben führen. Und die menschliche Angst vor der Veränderung sitzt tief. Befeuert wird diese Angst von Gefühlen wie Misstrauen und Orientierungslosigkeit, aber auch von emotional stark belastenden Katastrophenfantasien. Veränderung ist, als würde man die rettende Hand eines Helfers loslassen und in die Tiefe stürzen. Wenn man sich das vor Augen führt, dann bekommt die Dimension Mensch in diesem Transformationsprozess einen ganz anderen Stellenwert und führt uns zu einer anderen Einschätzung, warum Menschen sich mit Veränderungen so schwertun. Sie sind gefühlsgesteuert. Und diese Gefühle muss man zu berücksichtigen wissen. Je stärker KI wird, umso wichtiger wird Empathie. Diesen Satz muss man sich hinter den Spiegel stecken.

Was beschäftigt uns, wenn das Thema Veränderung im Raum steht? Soll ich mich beugen und mich für die Veränderung entscheiden, oder soll doch alles lieber so bleiben, wie es ist? Meist sind wir hier mit individuellen Veränderungen beschäftigt, die unser Leben unmittelbar betreffen. Etwa: Soll ich den Job kündigen oder nicht? Soll ich aufs Land ziehen oder doch in der Stadt bleiben? Und dann gibt es da noch jene Veränderungen, die das große Ganze betreffen – das sogenannte System –, die uns emotional erheblich zu schaffen machen. Transformation ist eine verdammt große Veränderung, die einfach passiert. Komme ich da noch mit? Zu Gefühlen wie Misstrauen und Orientierungslosigkeit gesellt sich das Gefühl des Kontrollverlustes. Je größer die Veränderung, desto stärker unser Kampf.

Wenn wir eine Entscheidung zu fällen haben, und Veränderung ist ein Moment der Entscheidung, kämpfen in unserem Hirn zwei Bereiche um die Befehlsgewalt: das limbische System und der präfrontale Cortex. Das limbische System gilt als Zentrum der Emotionalität. Dort werden unsere Gefühle verarbeitet. Der Kontrahent des limbischen Systems ist der präfrontale Cortex. Dort – direkt hinter unserer Stirn – ist das Headquarter für Rationalität; hier ist die Vernunft zu Hause. Limbisches System und präfrontaler Cortex sind Brüder im Kampfe vereint. Einerseits müssen sie zusammenarbeiten, andererseits versuchen sie sich gegenseitig auszutricksen. Da sind Konflikte vorprogrammiert. Da herrscht Uneinigkeit, weil sich Emotionalität und Vernunft um die Antwort streiten: Sollen wir uns zugunsten der Gesundheit verändern und auf Gemütlichkeit verzichten? Entscheiden wir uns für den Spaziergang, oder schalten wir ein paar Gänge zurück und machen es uns auf dem Sofa bequem? Während uns die Vernunft zur Bewegung mahnt, sagt uns die Emotionalität, dass ich mich jetzt mal auf die faule Haut legen dürfe, weil ich doch heute schon so fleißig war. Und am Ende siegt Gefühl über Verstand. Sehr, sehr oft jedenfalls. Bleibt die Frage, warum die Emotionalität so oft die Oberhand behält. Die Wissenschaft hat die Antwort: Geschwindigkeit ist entscheidend. Diese Erkenntnis haben wir der Neuropsychologie zu verdanken. Demzufolge sind Gefühle einfach schneller. Das limbische System trifft eine Entscheidung mit rund 300 Millisekunden Vorsprung vor dem Neocortex. Gefühle dringen einfach schneller in unser Entscheidungszentrum im Gehirn. So kann das limbische System zuerst entscheiden. Erst danach wird diese Entscheidung im rationalen Zentrum begründet. So funktioniert Gefühlssteuerung. Und darum ist Empathie so extrem wichtig. Denn nur dann können wir (wieder) lernen zu verstehen, warum der Mensch so tickt, wie er tickt; woher seine Angst vor Veränderung kommt. In Zeiten, da die Welt zunehmend von Technologie bestimmt wird, wird Emotionen eine verschwindend kleine Rolle zugewiesen. Auch wenn es vielleicht nicht so kommt, haben viele Menschen dennoch Angst, dass KI die Weltherrschaft übernehmen könnte. Es wäre eine Welt, in der sie nicht einmal mehr Statisten wären.

Der Gedanke an Transformation macht etwas mit uns. Leider wissen wir nicht genau, was. Wir haben nur ein ungutes Gefühl. Manche Experten sehen KI längst auf der Überholspur. Kein Wunder, dass wir uns abgehängt fühlen, wenn wir im Netz und Magazinen lesen müssen, dass KI auf vielen Gebieten unsere Arbeit bald schon besser erledigen kann, als wir Menschen es jemals könnten.

Wo uns KI weiterbringen könnte

Ganz am Anfang dieses Buches habe ich es bereits gesagt: Die Büchse der Pandora ist geöffnet, und wir können sie nicht einfach wieder schließen, sondern müssen lernen, damit umzugehen und sinnvoll zu integrieren. Ich verweise hier deshalb gerne auf meine Wiederholung, weil ich damit unterstreichen kann, dass es natürlich immer auch Positives im Kontext technologischer Entwicklungen zu finden gibt. Und damit sind wir bei der Schokoladenseite der künstlichen Intelligenz.

KI könnte zum Beispiel gute Chancen bieten, das Fachkräfteproblem zu lösen. Der Einsatz künstlicher Intelligenz sei ein Hoffnungsanker, prognostiziert eine Studie[1] von McKinsey. Klar sei, dass die Auswirkungen auf einzelne Branchen, Unternehmen und Beschäftigte sehr unterschiedlich ausfielen. Das hinge davon ab, wie stark eine Unternehmung oder eine Tätigkeit KI-Innovationen ausgesetzt sei. Vor allem Berufe in der Finanzdienstleistung, Informationstechnologie und Beratung könnten durch KI automatisiert werden. Dort könne KI Tätigkeiten substituieren oder komplementieren. Es sei einleuchtend, dass strukturierte, standardisierte Beratungen von gut trainierten KI-Sprachassistenten durchgeführt werden könnten und sich die freiwerdenden menschlichen Kapazitäten für komplexere Dienstleistungen oder in kreativeren Bereichen einsetzen ließen. Mein Fazit: Fachkräfte sollten bestimmte standardisierte Beratungsleistungen dem künstlich intelligenten Sprachassistenten überlassen und sich ihre Kräfte lieber für individuellere Aufgaben, die die ganze Fachkraft brauchen, aufsparen. Klingt vielversprechend. Wenn das so funktioniert, jedenfalls in einigen Bereichen und Branchen, könnte man mit Ressourcen, die frei werden, Lücken füllen. In diesem Fall Fachkräftelücken.

Und es gibt noch weitere positive KI-Beispiele: Ein Bäcker aus Niedersachsen testete gemeinsam mit Aldi Nord den Einsatz von KI, mit dem Ziel, Retouren zu senken und den Umsatz zu steigern. Bäcker Ruch aus Rosdorf im Landkreis Göttingen gehört zu den sogenannten Regionalbäckern des Discounters. Indem der Bäcker mithilfe von KI seine Prozesse automatisierte, konnte er im Oktober 2023 Erfolg vermelden. Zum Einsatz kam der Prognose-Algorithmus (kurz PA) des Start-ups Food Forecast aus Köln. PA ist eine künstliche Intelligenz, die hilft, Umsätze zu steigern und Foodwaste zu minimieren. Die Rechnung sei aufgegangen. Die Retourenquote sei um 12 Prozent gesunken, der Umsatz um rund 9 Prozent gestiegen. Diese und ähnliche Erfolgsgeschichten lassen sich leicht durch eine Schnellrecherche im Netz finden.

Wie auch diese: AI for Green. AI for Green ist eine Nachhaltigkeitsinitiative der österreichischen FFG (Förderagentur für wirtschaftsnahe Forschung und Innovation), sie dient der Förderung von F&E-Projekten. Durch AI for Green sollen AI-Technologien neu- oder weiterentwickelt und durch deren Einsatz signifikante Beiträge zu den Klimazielen geleistet werden. Im Einzelnen geht es darum, Projekte zu fördern, die den Ressourcen- und Energieeinsatz reduzieren, Treibhausemmissionen verringern und Naturräume und Ökosysteme erhalten wollen. Was Künstliche Intelligenz (oder Artificial Intelligence, kurz AI) hier leistet: Die Bereitstellung und Weiterentwicklung von Algorithmen und AI-Systemen kann beispielsweise bei der Anpassung an die Folgen des Klimawandels helfen, indem sie den Sektoren Energie, Produktion, Land- und Forstwirtschaft oder dem Katastrophenmanagement präzisere Entscheidungsgrundlagen liefern. Ein konkretes Beispiel ist Smart Grass. Dabei geht es um eine digital-basierte ökologisch optimierte Grünlandernte (Digital twin-based ecologically optimized grassland harvesting) für den optimierten Einsatz von Maschinen, um Fahrtwege zu reduzieren (Effekt: CO_2-Reduktion) und die Futterqualität zu verbessern (Effekt: CH_4-Reduktion und verbesserte Tiergesundheit). Smart Grass ist ein Beispiel für eine nachhaltigere Bewirtschaftung von landwirtschaftlichen Flächen.

Vom Land in die Stadt und zu einem Beispiel, wie Marketing die KI nutzen kann: Sephora zählt zu den größten Einzelhandelsketten für Kosmetik. Das französische Unternehmen nutzt die Möglichkeiten der KI, um die Kundenerfahrung zu revolutionieren. Sephora hat dazu eine KI-basierte Augmented-Reality(AR)-Anwendung entwickelt, die es vor allem potenziellen Käuferinnen ermöglicht, verschiedene Make-up-Produkte virtuell auszuprobieren, bevor sie zum Kauf schreiten. Kunden können in Echtzeit sehen, wie Produkte auf ihrer Haut aussehen beziehungsweise wirken, bevor sie sich für einen Kauf entscheiden, was das Einkaufserlebnis erheblich verbessert. Die Sephora-KI bietet Kundinnen und Kunden aber nicht nur eine besondere interaktive Erfahrung, sie stärkt auch die Kundenbindung zwischen Marke und Konsument. Und unterm Strich führt der Einsatz von KI zu einer Steigerung der Verkaufszahlen. Ein möglicher Nebeneffekt: Kundinnen und Kunden kaufen nichts, was sie nicht ausprobiert haben, sondern das, was sie bereits kennen lernen konnten. So kaufen sie nichts Überflüssiges, was sie zum Wegwerfen verleiten könnte.

Noch ein knackiges Beispiel aus dem Marketing: Spotify ist bekanntlich einer der führenden Musik-Streaming-Dienste weltweit. Das Unternehmen mit Sitz in Stockholm setzt fortschrittliche KI-Algorithmen ein, um personalisierte Musikempfehlungen zu generieren. Diese Algorithmen analysieren den individuellen Musikgeschmack eines Nutzers anhand von gespielten Songs, erstellten Playlists und sogar der Tageszeit. Auf diese Weise werden personalisierte Wiedergabelisten erstellt, die den Abonnenten genau die Musik bieten, die sie hören möchten. Diese personalisierten Empfehlungen haben dazu beigetragen, die Zufriedenheit der Abonnenten zu steigern und die Nutzung der Plattform zu erhöhen.

Das letzte KI-Beispiel stammt aus meinem eigenen Erfahrungsschatz. Es ist streng genommen noch kein Erfolgsbeispiel, aber es könnte eines werden. Sie erinnern sich an meinen Besuch in der vorweihnachtlichen Parfümerie? Ich hatte mich zwar gegen das mir unbekannte Sandelholz entschieden, wollte aber nicht länger unwissend bleiben. Also recherchierte ich über Sandelholz und Parfum. Mit dem kostbaren Holz sowie dem daraus gewonnenen Öl wird schon seit mehr als 3000 Jahren lukrativ Handel getrieben. Weil echtes Sandelholz sehr selten, die Nachfrage aber groß ist, kann der weltweite Bedarf nicht gedeckt werden. Das Holz ist also ein sehr seltenes und damit wertvolles Gut. Mein Nachhaltigkeitscheck für Sandelholz ergab Folgendes: Der Baum wächst hauptsächlich in Indien. In den letzten Jahrzehnten wurde starker Raubbau mit den Bäumen betrieben. Die indische Regierung hat den Abbau und den Export inzwischen streng reguliert. Trotzdem gilt der Baumbestand als stark gefährdet. Weiter wollte ich gar nicht nachforschen. Ich war jetzt schon froh, dass ich mich für Talkum entschieden hatte. Aber wahrscheinlich müsste ich später zu Talkum sicherheitshalber auch noch Recherchen anstellen. Zunächst blieb ich beim Sandelholz. Sandelholzbäume bilden erst nach rund 25 Jahren ätherische Öle.

Das Öl wird dann in einem langwierigen Prozess aus dem Holz destilliert. Für einen Liter Öl werden rund 20 Kilogramm Sandelholz benötigt – oder sagt man besser: vernichtet? Der Abbau von Sandelholz hat nicht nur in den Abbaugebieten einen negativen Effekt auf die Umwelt, er wirkt sich wegen der langen Transportwege auch negativ auf unseren CO_2-Fußabdruck aus.

Ich hätte eine dufte Idee, was man dagegen tun könnte: Künstliche Intelligenz könnte vielleicht helfen, den Prozess nachhaltiger zu machen. Es gibt die ersten Ansätze, mithilfe von KI naturidentische Riechstoffe deutlich einfacher zu entwickeln – was ja dazu beitragen würde, Flora und Fauna zu schonen. Aus der Sicht des Umwelt- und Klimaschutzes finde ich es sehr sinnvoll und sogar erstrebenswert, diese Technologien auszubauen. Dann könnten wir mit gutem Gewissen gut duften – sogar nach Sandelholz.

WIR KOMMUNIZIEREN MIT DER ZUKUNFT UND NEHMEN MIT!

Fünf Take-aways, die auf dem Weg zur Transformation Orientierung geben:

- Zeigen Sie sich im Unternehmen offen und neugierig. Und setzen Sie künstliche Intelligenz ein, um menschliche Intelligenz zu unterstützen.
- Berufliche Aus- und Weiterbildungen sind speziell während der Transformation von elementarer Bedeutung. Schaffen Sie für jede und jeden im Unternehmen die Möglichkeit dazu.
- Künstliche Intelligenz wird alle zentralen Bereiche des Lebens verändern. Auch den Schulunterricht. Dort ist ebenfalls Offenheit gefragt. Es gibt so viele positive Beispiele, KI sinnvoll einzusetzen. Weit mehr als negative.
- Zeigen Sie Flagge. Gesamteuropäische (zum Teil weltweite) Initiativen sind notwendig, damit die Transformation erfolgreich umgesetzt werden kann.
- Geben Sie sich eine Chance, zu erkennen, was KI für Ihr Unternehmen tun kann: KI kann Arbeiten übernehmen, die eintönig, langweilig, sprich Routine sind. Fachkräfte haben so mehr Zeit, sich ihrer Qualifikation gemäß um anspruchsvollere Aufgaben zu kümmern. KI macht Kapazitäten frei.

DAS NARRATIVE UNTERNEHMEN – WAS MAN SICH IN ZUKUNFT ERZÄHLEN WIRD

Ich stelle mir vor: Das Unternehmen der Zukunft ist ein mutiges Unternehmen. Das mutige Unternehmen hat in der Ressource Mut die zentrale, erfolgsrelevante Energie erkannt, ohne die Transformation nicht möglich ist. Das mutige Unternehmen setzt auf Mut als Veränderungsenergie. Mut als Veränderungsenergie ist für das Unternehmen der Zukunft unverzichtbar, wenn es um die großen Entwicklungs- und Veränderungsthemen geht. Das Unternehmen der Zukunft wird schon heute ein Zukunftsbild von sich malen. Es ist das Bild, das sagt, dass es sich lohnt, mutig zu sein. Das Unternehmen der Zukunft wird heute und morgen von seinem Mut erzählen können. Es wird erzählen, dass es wichtig ist, stets ein Mut-Bild von der Zukunft zu haben, um wichtige Entscheidungen daran ausrichten zu können, die in der Gegenwart gefällt werden müssen. Mit dem eigenen Mut-Bild macht das Unternehmen die Zukunft für alle im Unternehmen greifbar. Das Mut-Bild ist ein konkretes, emotionales Ziel-Bild von der Zukunft. Es macht die Zukunft sichtbar und spürbar. Es manifestiert schon heute, was morgen sein soll: Morgen werden wir ein mutiges Unternehmen sein! Dieser Glaube, diese Überzeugung, hilft dem Unternehmen, wie ich es mir vorstelle, bereits heute, offensiv zu werden und die Dinge mutig anzupacken. Seine Stärke ist dieser Mut. Dieser Mut unterscheidet es von anderen Unternehmen. Auch weil es von seinem Mut erzählen kann. Seine Erzählung strahlt nach außen und nach innen. Die Erzählung vom Mut erzeugt eine Anziehungskraft und lässt potenzielle Fachkräfte aufmerksam werden. Nach innen wirkt die Erzählung vom Mut bestärkend. Sie erzeugt Energie, Klarheit und Kraft.

So weit mein Idealbild. Eines in diesem Bild ist für mich jedoch unbestreitbar: Mut ist die Farbe, mit der es gemalt wird. Ohne Mut bliebe dieses Bild blass. Mut war schon immer entscheidend in Zeiten großer Herausforderungen. Doch woher kommt der Mut? Falsche Frage! Fragen wir uns lieber, was uns daran hindert, mutig zu sein. Antworten lassen sich leider viele finden. Der Mensch ist brillant, wenn es darum geht, nach Ausreden zu suchen: Wir sind erfolgsverwöhnt, wir sind satt, wir sind selbstgefällig, uns mangelt es an Selbstreflexion, wir lieben unsere Komfortzone, uns mangelt es an Leidensdruck, aber wir leiden unter Konformitätszwang, wir fühlen uns ratlos und orientieren uns daher an der Meinung anderer, wir leiden an Perspektivlosigkeit, wir haben kein Rückgrat, uns ist nicht nach Gegenwehr, uns fehlt es an Durchsetzungs- und Durchhaltevermögen, wir sind nicht belastbar. Halt! Halt! Vor lauter Schwarzmalerei sieht man ja gar keine Farbe mehr! Tut mir leid, aber dieser Kontrast war bitter nötig, um Klarheit zu schaffen. Es hilft uns nicht weiter, um den heißen Problembrei herumzureden. Mut entsteht nur dann, wenn wir uns den Herausforderungen stellen. Tun wir das nicht, haben wir überhaupt keinen Grund, mutig zu sein. Mut ist die Kraft aufzustehen, um aktiv zu werden.

Mut erfordert Charakter und Standhaftigkeit. Charakter und Standhaftigkeit werden geschätzt und sorgen für Anerkennung. Mut steckt an. Wer Mut zeigt, der ermutigt auch andere. Wäre es nicht wunderbar, wenn Sie auch vom Mutigsein erzählen könnten? Als Mensch, als Unternehmer, als Firmenlenker, als Führungskraft, als Entscheider?

Sie kennen Bertolt Brecht. Eines seiner bekanntesten Stücke trägt den Titel *Mutter Courage und ihre Kinder*[1]. Brecht wird dieses Zitat zugeschrieben: »Ein Teil des Talents besteht in der Courage«. Das bedeutet: Ohne Mut können sich Fähigkeiten nicht entfalten; Talente bleiben wertlos, weil man damit nichts anfängt. Das gilt für jedes Talent. Auch für das Talent eines Unternehmers. Mut ist das Zeug zum Unternehmertum. Und sollte Brecht nicht der Urheber dieses Zitates sein, ändert das nichts daran. Mut ist der gute Freund an der Seite des Talents. Mut ist der gute Berater an der Seite der Entscheidung. Mut ist der gute Begleiter des Willens zur Veränderung. Mut ist die Energie, die uns antreibt, unbekanntes Terrain zu betreten. Frage: Wann sind Sie zuletzt auf einen Kirschbaum geklettert?

Nur wer sich traut, kann gewinnen

Wer nicht selbst auf den hohen Kirschbaum klettert, muss dem mutigen Kletterer zusehen, und wird sich mit dem begnügen müssen, was an Kirschen für ihn abfällt. Mut vermeidet nicht die Angst, hilft aber, diese zu überwinden. Klettern im Bewusstsein des Risikos erhöht die Wachsamkeit und verringert damit die Wahrscheinlichkeit, wie eine Kirsche vom Baum zu fallen. Vorausgesetzt, man glaubt an sich und seine Fähigkeiten.

Mut ist besonders dort gefragt, wo die Erfüllung der Aufgabe keine Routine ist. Das ist normal. Wenn die Kirschen locken, die Furcht vor dem Baum aber größer ist, als der Baum hoch ist, braucht es eine ordentliche Portion Mut, um mit der Unsicherheit und der Furcht umgehen zu lernen. Und das lernt man nur, wenn man es auch tut. »Done is better than perfect«, lautet eine bekannte Strategieregel. Wer Vater oder Mutter dieses Satzes ist, weiß ich leider nicht. Ich weiß aber, dass er mir trotzdem etwas sagt: Der Mut wächst, wenn man sich ihm anvertraut. Es kommt nicht darauf an, sofort alles richtigzumachen. Man kann zur Übung zuerst auf einen kleinen Kirschbaum klettern. Oder man klettert auf den größeren, aber nur bis zur ersten Astebene. Auch wenn man dann immer noch keine Kirschen gepflückt hat, so hat man doch erfahren, dass man sich vorarbeiten kann. Und das ist hundertmal besser, als gar nicht zu klettern. Je öfter man es probiert, desto mehr lernt man, gut zu klettern. Spätestens beim dritten oder vierten Versuch traut man sich, auch die ersten Kirschen zu ernten. Und wenn man nicht sofort den großen Ernteeimer füllt, eine Kirsche in den Mund zu nehmen und noch eine und noch eine zu probieren, bringt uns auf den Geschmack. Und wir erkennen: Mut lohnt sich.

Der Mut zu vertrauen

Was war zuerst da? Huhn oder Ei? Das ist eine wichtige Frage, wenn es um Mut geht. Einerseits braucht es Mut, um zu vertrauen. Andererseits wächst aus Vertrauen Mut. Wenn Sie mich fragen: Ich glaube fest daran, dass Vertrauen aus Mut entsteht. Ohne Mut kein Selbstvertrauen. Ohne Mut kein

Vertrauen in Mitarbeiter. Ohne Mut kein Vertrauen in neue Technologien. Ohne Mut kein Vertrauen in neue Ideen. Ohne Mut kein Vertrauen in große Umwälzungen. Ohne Mut kein Vertrauen in die Zukunft. Ohne Mut kein Vertrauen in innovative Entwicklungen. Die Möglichkeit braucht den Mut. Die Machbarkeit braucht das Vertrauen. Wenn beides ineinandergreift, haben wir einen Idealzustand. Dann haben wir ein Perpetuum Mobile, in dem Mut und Vertrauen einander bedingen, aber der Mut den Anstoß gab. Einmal in Gang gesetzt, bleibt der Prozess ohne weitere Energiezufuhr (Anstoß) in Bewegung. Wie gesagt: Das wäre das Ideal. Tatsächlich müssen wir meist unseren ganzen Mut immer wieder zusammennehmen, wenn wir uns neuen Herausforderungen stellen wollen.

Aber wir können dabei, das kann ich Ihnen versprechen, einen Mut entwickeln, den ich Grund-Mut nenne. Dieser Grund-Mut gehört zu unserer menschlichen Grundausstattung. Es ist eine menschliche Fähigkeit, mutig zu sein. Diese Fähigkeit ist vorhanden. Man kann sie aktivieren, re-aktivieren und trainieren. Ich muss gestehen, es ist beneidenswert zu sehen, dass manche Menschen mit mehr Grund-Mut gesegnet sind als andere.

Für den leider Ende 2023 verstorbenen Werbemann Thomas Rempen war Mut eine zentrale Kraft. Er sagte, er bräuchte das Glück der Durchsetzungsfähigkeit seiner Ideen. Es nütze ja nichts, wenn man drei gute Ideen hätte und nichts damit anfangen würde. Es gehöre natürlich auch das Zufallsglück dazu, dass man jemanden treffe, mit dem man das Richtige machen könne. Er bezeichnete sich selbst als ziemlich direkt. Aber je direkter man selbst sei, desto direkter würden die anderen auch werden. Es sei denn, sie bekämen Schiss. Rempen sagte, sein Leben sei beherrscht von zwei Zauberwörtern. Das eine sei »neu«. Alles Neue sei total interessant, und alles Neue sei mit Risiko verbunden. Das andere Zauberwort käme von seinem zweieinhalb Jahre jüngeren Bruder. Als Kinder hätte Rempen seinen Bruder immer zum Spielen mitnehmen müssen. Er sei ihm eigentlich lästig gewesen. Er selbst sei ja schon sechs und sein Bruder erst dreieinhalb gewesen. Rempen habe seinen kleinen Bruder immer im Schlepptau gehabt. Sie seien dann zum Beispiel Fahrradrennen gefahren. Vorher habe Rempen eine Aufgabe an seinen Bruder verteilt und gesagt: Du bist jetzt die Werkstatt, die Box. Und der kleine Bruder habe dann große Augen bekommen und gesagt:

»Au ja!« Dieses »AU JA«, dieser begeisterte Ausruf, das sei in seinem Leben neben NEU immer sein zweites Zauberwort gewesen. Au ja! Im Angesicht des Neuen spiegelt sich in diesen zwei kleinen Worten des jüngeren Bruders der pure Mut, die Sache anzupacken, mit der Aussicht auf Belohnung.

Diese Einstellung prägte nicht nur Thomas Rempens Berufsleben, sondern hat ihn auch bei seinem persönlichen Streben nach Kreativität und Innovation inspiriert. Sein Vermächtnis lebt weiter, indem es uns ermutigt, offen für Neues zu sein und stets mit einem enthusiastischen »Au ja!« an Herausforderungen und neuen Aufgaben heranzugehen.

Eine kurze Geschichte vom MamMUT

Mammuts sind bekanntlich ausgestorben. Nicht aber die sprichwörtliche Mammutaufgabe. Während die Natur das Mammut vor rund 4000 Jahren aufgegeben hat, haben sich Mammutaufgaben bis heute gehalten. Transformation ist beispielsweise eine Mammutaufgabe. So lebt das Mammut als Synonym fort. Mammuts waren dicke Brocken, schwer, unübersichtlich, unberechenbar. Ein Mammut zu erlegen, war für die Jäger der Vorzeit das Größte. Der Mann, der ein Mammut tötete, galt als großer Jäger. Die Größe der Kreatur übertrug sich auf den Menschen. Transformation ist eine große Aufgabe, eine sehr große. Ein dicker Brocken, schwer, unübersichtlich, unberechenbar. Verglichen mit der Mammutjagd setzt man dabei aber selten Leib und Leben aufs Spiel. Trotzdem muss man mutig sein. Denn leider ist der Weg der Transformation sehr weit, sehr steinig und voller Unwägbarkeiten. Und wer keinen Mut hat, der tut sich schwer, bleibt vielleicht sogar auf der Strecke. Das ist hart, ich weiß, aber so ist das eben. Wir müssen mit sehr viel Energie, Ausdauer, Motivation, ja auch mit Ehrgeiz, Mut und einem unerschütterlichen Glauben an den Erfolg an die Transformation herangehen. Es ist eine Mammutaufgabe. Aber eine, an der man wächst und durch die man seinen Grund-Mut zu einem echten MamMUT entwickeln kann. So wird aus der Mammutaufgabe dann auch eine MamMUTaufgabe.

WIR KOMMUNIZIEREN MIT DER ZUKUNFT UND NEHMEN MIT!

Fünf Take-aways, die auf dem Weg zur Transformation Orientierung geben:

- Nutzen Sie Ihre Erfolge, die Sie bereits im Transformationsprozess erzielt haben, und erzählen Sie Ihre Erfolgsgeschichten. Betrachten Sie die Storys als Teil Ihrer Transformation.
- Indem Sie die Transformation in den Mittelpunkt Ihrer Storys stellen oder zumindest in Ihr Narrativ aufnehmen, zeigen Sie, dass Sie dahinterstehen und vorangehen.
- Sie können gewiss sein, dass die besten Kirschen ganz oben hängen, weil sie näher an der Sonne reifen. Ihr Weg dorthin wird nicht einfach sein, dafür besonders.
- Auch kleine Erfolge sollten Sie groß feiern. Jede Belohnung schüttet Hormone aus, die für eine positive Energie sorgen, die Sie weiter antreibt: Dopamin heißt die legale Droge.
- Denken Sie daran, dass Transformation immer auch eine Transformation im Denken voraussetzt. *Change your mind!* Nur mit der richtigen Einstellung können Sie zum MamMUT werden.

ANMERKUNGEN

Widmung

1 Christopher Darlington Morley, US-amerikanischer Schriftsteller: »The real purpose of books is to trap the mind into doing its own thinking«, aus: A Cross Section, *The Saturday Review of Literature*, 27.12.1924, S. 415, URL: https://books.google.at/books?id=xGcgAQAAMAAJ&q=%22trap+the+mind+into+doing+its+own%22&dq=%22trap+the+mind+into+doing+its+own%22&hl=de&sa=X&ved=0ahUKEwj2yba2x8PkAhVCwqYKHQd2AmQ4FBDoAQhAMAM

Vorrede

1 Was ist Mut? Eine Betrachtung aus der Sicht der Wissenschaft, volksbank.at, 19.12.2018, URL: https://blog.volksbank.at/was-ist-mut-eine-betrachtung-aus-sicht-der-wissenschaft/

2 Ebd.

3 Wolfgang Seybold: *Henry Kissinger – die Biografie zum 100. Geburtstag*, FinanzBuch Verlag, München 2023.

Der Wandel der Kommunikation im Zeitalter der Digitalisierung

1 Christiane Gorse und Daniel Schneider: Geschichte des Radios, URL: https://www.planet-wissen.de/kultur/medien/geschichte_des_radios/index.html

2 Joseph Goebbels: »Der Rundfunk gehört uns!«, SWR Archivradio, URL: https://www.swr.de/swr2/wissen/archivradio/joseph-goebbels-1933-der-rundfunk-gehoert-uns-102.html

3 https://www.saferinternet.at/fileadmin/redakteure/Services/Jugend-Internet-Monitor/Infografik_Jugend-Internet-Monitor_2023.pdf

4 Quelle: Jugend-Internet-Monitor 2023, saferinternet.at, Österreichisches Institut für angewandte Telekommunikation; URL: https://www.saferinternet.at/services/jugend-internet-monitor

5 Vgl.: Natalie Ediger: Die veränderte Kommunikation im digitalen Zeitalter, URL: https://cleverclipstudios.com/de-ch/blog/kommunikation-im-wandel/
6 Peter Walla: Einflüsse der Digitalisierung auf die menschliche Kommunikation, Austria Presse Agentur, 25.04.2018, URL: https://science.apa.at/power-search/12408974387391573668
7 Vgl.: Natalie Ediger: Die veränderte Kommunikation im digitalen Zeitalter, URL: https://cleverclipstudios.com/de-ch/blog/kommunikation-im-wandel/

Einflüsse der Digitalisierung auf menschliche Kommunikation

1 Siehe Eintrag »Bot«, Wikipedia, URL: https://de.wikipedia.org/wiki/Bot
2 Mobilfunk-Monitoring 2023, Bundesnetzagentur, gigabitgrundbuch.bund.de, Bundesministerium für Digitales und Verkehr, URL: https://gigabitgrundbuch.bund.de/GIGA/DE/MobilfunkMonitoring/start.html
3 *5G-Netz:* Alles, was Du zum Mobilfunkstandard wissen musst, LOGITEL, logitel.de, URL: https://www.logitel.de/blog/handys/5g-netz-deutschland/
4 Altmaier schämt sich für deutsches Handynetz, *SPIEGEL Netzwelt*, 24.11.2018, URL: https://www.spiegel.de/netzwelt/web/peter-altmaier-schaemt-sich-fuer-deutsches-handynetz-a-1240225.html
5 Siehe Eintrag »Digitalität«, Wikipedia, URL: https://de.wikipedia.org/wiki/Digitalit%C3%A4t
6 Vgl.: Birgit Aschemann: Digitalität: das Ende des Lesens?, erwachsenenbildung.at, Redaktion CONEDU, 25.01.2022, URL: https://erwachsenenbildung.at/aktuell/nachrichten/16864-digitalitaet-das-ende-des-lesensc.php
7 Auswirkungen der zunehmenden Digitalisierung auf die deutsche Sprache, wissenschaftsjahr.de, Bundesministerium für Bildung und Forschung (BMBF) und Wissenschaft im Dialog (WiD), URL: https://www.wissenschaftsjahr.de/2014/fileadmin/content/Presse___Downloads/Umfrageergebnisse_Auswirkungen_der_Digitalisierung_auf_die_deutsche_Sprache.pdf
8 Digitale Medien bereichern die deutsche Sprache, CHECK.point eLeaning, URL: https://www.checkpoint-elearning.de/wissen/studien/digitale-medien-bereichern-die-deutsche-sprache
9 Studie zum Digitalverhalten der erwachsenen Bevölkerung, Techniker Krankenkasse, URL: https://bvpraevention.de/cms/index.asp?inst=newbv&snr=13336

D wie Digitalisierung = D wie Deutschland = D wie Das schaffen wir

1 Alexander Schneider: Lob der Digitalverwaltung der Stadt mit K, LinkedIn, 12.11.2023, URL: https://www.linkedin.com/feed/update/urn:li:activity:7129054005044862976/

2 Felix Rupprecht: Deutschland steckt in der Computer-Steinzeit, *BILD*, 13.08.2023, URL: https://www.bild.de/politik/inland/politik-inland/regierung-gesteht-deutschland-steckt-in-der-computer-steinzeit-85033406.bild.html

3 Deutschland scheitert beim E-Government, INSM Initiative Neue Soziale Marktwirtschaft GmbH, 10.11.2023, URL: https://www.insm.de/insm/themen/digitalisierung/deutschland-scheitert-beim-e-government

4 Vgl.: Lilli-Marie Hiltscher: Wie digital ist Deutschland?, 10.08.2023, URL: https://www.tagesschau.de/wirtschaft/digitalisierung-deutschland-ueberblick-100.html

5 Vgl.: 82 Prozent der deutschen Unternehmen faxen noch, bitkom, 04.05.2023, URL: https://www.bitkom.org/Presse/Presseinformation/Digital-Office-Faxen-Unternehmen

6 82 Prozent der deutschen Unternehmen faxen noch, bitkom, 04.05.2023, URL: https://www.bitkom.org/Presse/Presseinformation/Digital-Office-Faxen-Unternehmen

7 Vgl.: UN E-Government Knowledgebase – E-Government Development Index (EDGI), United Nations, URL: https://publicadministration.un.org/egovkb/en-us/About/Overview/-E-Government-Development-Index

8 Lilli-Marie Hiltscher: Wie digital ist Deutschland?, 10.08.2023, URL: https://www.tagesschau.de/wirtschaft/digitalisierung-deutschland-ueberblick-100.html

9 Ebd.

Digitalisierung braucht Kommunikation und Führung

1 Vgl.: Digital Report 2022, we are social, URL: https://wearesocial.com/de/blog/2022/01/digital-2022/

2 Call me Mr. Umfrage, *Der Standard*, URL: https://www.pressreader.com/austria/der-standard/20211007/282321093175495

3 Till Simon Nagel: Angela Merkel entdeckt Neuland, *Handelsblatt*, 19.06.2013, URL: https://www.handelsblatt.com/politik/deutschland/das-netz-spottet-angela-merkel-entdeckt-neuland/8375342.html

4 Tobi Spörer: We all are overnewsed but underinformed, LinkedIn, linkedin.com, 17.03.2020; URL: https://www.linkedin.com/pulse/we-all-overnewsed-underinformed-aldous-huxley-tobias-spoerer/?originalSubdomain=de

5 Vgl.: Eintrag »Angela Merkel«, Wikipedia, URL: https://de.wikipedia.org/wiki/Angela_Merkel#Schulzeit_und_Studium_(1961%E2%80%931978)
6 Paul Watzlawick, Janet H. Beavin, Don D. Jackson: *Menschliche Kommunikation: Formen, Störungen, Paradoxien*. 13., unveränderte Auflage. Verlag Hans Huber, Bern 2017, S. 70–78
7 Vgl.: Franziska Nixdorf: Digitale Kommunikation: Bedeutung, Eigenschaften und Formen, *CHIP*, 02.08.2023, URL: https://praxistipps.chip.de/digitale-kommunikation-bedeutung-eigenschaften-formen_155987
8 Zoom Fatigue: Ermüdung durch Videokonferenzen erstmals neurophysiologisch nachgewiesen, Technische Universität Graz, nachrichten.idw-online.de, 13.11.2023, URL: https://praxistipps.chip.de/digitale-kommunikation-bedeutung-eigenschaften-formen_155987
9 Führung digital: Anforderungen und Ressourcen bei Führungskräften, Bundesanstalt für Arbeitsschutz und Arbeitsmedizin, URL: https://www.baua.de/DE/Angebote/Publikationen/Bericht-kompakt/Fuehrung-digital.html

Was neues Arbeiten mit der alten Arbeit macht

1 Tim Alexander: *Human first – Die neue Maxime für Kunde, Marketing und Geschäftserfolg*, Vahlen Verlag, München 2022
2 Die Stechuhr sorgt für viel Arbeit, *Frankfurter Allgemeine Zeitung*, 25.04.2023, URL: https://www.faz.net/aktuell/wirtschaft/die-stechuhr-sorgt-fuer-viel-arbeit-18847967.html
3 Homeoffice: Wie viel darf der Arbeitgeber kontrollieren? *Human Resources*, 22.02.2021, URL: https://www.humanresourcesmanager.de/arbeitsrecht/homeoffice-wie-viel-darf-der-arbeitgeber-kontrollieren/
4 Eugen Epp: Marie-Antoinette-Vibes: Elon Musk hält Mitarbeiter im Homeoffice für abgekoppelt von der Realität, *Stern*, 19.10.2023, URL: https://www.stern.de/wirtschaft/news/elon-musk-laestert-ueber-homeoffice----abgekoppelt-von-der-realitaet--33926116.html
5 Heike Jahberg und Esther Kogelboom: Trigema-Chef Grupp im Gespräch, *Tagesspiegel*, 01.10.2023, URL: https://www.nzz.ch/wirtschaft/trigema-chef-wolfgang-grupp-wie-er-zur-kultfigur-wurde-ld.1764646
6 Nelly Keusch: Der Richard David Precht der Industrie: Wie der Trigema-Chef Wolfgang Grupp in Deutschland zur Kultfigur wurde, *NZZ*, 08.11.2023, URL: https://www.nzz.ch/wirtschaft/trigema-chef-wolfgang-grupp-wie-er-zur-kultfigur-wurde-ld.1764646

7 Megatrend New Work, Zukunftsinstitut, URL: https://www.zukunftsinstitut.de/dossier/megatrend-new-work/
8 Simon Sinek: *Start with why*, Portfolio Verlag (Penguin Group), New York 2009, Reprint 2011.
9 Tim Alexander: *Human first – Die neue Maxime für Kunde, Marketing und Geschäftserfolg*, Vahlen Verlag, München 2022

Neue Formen der Arbeit formen eine neue Kommunikation

1 Eugen Epp: Neuer Arbeitstrend: Coffee Badging, *Stern*, 24.10.2023, URL: https://www.stern.de/wirtschaft/job/homeoffice-und--coffee-badging---so-umgehen-arbeitende-den-buerozwang-33914366.html
2 Juriaan van Meel: Back to Business? *Architectural Digest*, Ausgabe 09/2020, Condé Nast Verlag, München.
3 Vgl.: Dr. Josefine Hofmann: Führung über Distanz, Initiative Gesundheit und Arbeit, 16.09.2020, URL: https://www.iga-info.de/fileadmin/redakteur/Veranstaltungen/Webinar/2020_09_16_Online-Seminar_3_Vortrag_Hofmann.pdf
4 Vgl.: Prof. Dr. Markus Voeth: Studie New Work & Verhandlungen, Universität Hohenheim, 12.12.2022, URL: https://www.uni-hohenheim.de/pressemitteilung?tx_ttnews%5Btt_news%5D=57306&cHash=57d1a50d80de9ab2098a5d65d031128b
5 Ebd.
6 Konrad Fischer: So gelingt die Kommunikation mit den Kollegen, *Wirtschafts-Woche*, 17.11.2021, URL: https://www.wiwo.de/erfolg/beruf/homeoffice-knigge-so-gelingt-die-kommunikation-mit-kollegen/27808302.html

Wie viel Sympathie muss man für Empathie haben?

1 Randstad Workmonitor 2023, Randstad, URL: https://workforceinsights.randstad.com/workmonitor-2023
2 Krise – na und? Deutsche machen sich keine Sorgen um ihre Jobs, Xing, URL: https://www.xing.com/news/articles/krise-na-und-deutsche-machen-sich-keine-sorgen-um-ihre-jobs-5325687
3 https://www.xing.com/news/articles/krise-na-und-deutsche-machen-sich-keine-sorgen-um-ihre-jobs-5325687
4 Hermann Hesse: *Das Glasperlenspiel*, 8. Auflage, Suhrkamp Verlag, Frankfurt am Main 2012.
5 Peter Baumgartner: Die Irrtümer der Digitalisierung, 24.10.2018; URL: https://www.peterbaumgartner.at/die-irrtuemer-der-digitalisierung/

6 Ebd.
7 Der Wertewandel der Generation X, Y und Z: Ein Überblick, Infodienst für Ausschreibungen, 21.06.2023, URL: https://www.ibau.de/akademie/wissenswertes/generation-x-y-z/

Es mangelt an Rezepten gegen chronischen Fachkräftemangel

1 Carsten Große Starmann: Deutschland wird immer älter, Bertelsmann Stiftung, 08.12.2008, URL: https://www.bertelsmann-stiftung.de/de/presse/pressemitteilungen/pressemitteilung/pid/deutschland-wird-immer-aelter
2 Ed Michaels, Helen Handfield-Jones, Beth Axelrod: *The War for Talent*, Harvard Business Review Press, Brighton 2001.
3 The War for Talent, McKinsey Quarterly, January 1998, URL: https://www.researchgate.net/publication/284689712_The_War_for_Talent
4 https://service.destatis.de/bevoelkerungspyramide/
5 Demografischer Wandel, Statistisches Bundesamt, Pressemitteilung Nr. N033 vom 7. Juni 2023, URL: https://www.destatis.de/DE/Presse/Pressemitteilungen/2023/06/PD22_N033_12.html
6 Fachkräfte für Deutschland, Bundesministerium für Wirtschaft und Klimaschutz, 21.06.2023, URL: https://www.ibau.de/akademie/wissenswertes/generation-x-y-z/
7 Krise – na und? Deutsche machen sich keine Sorgen um ihre Jobs, Xing, URL: https://www.xing.com/news/articles/krise-na-und-deutsche-machen-sich-keine-sorgen-um-ihre-jobs-5325687
8 Christian Schubert: Größter Brillenhersteller der Welt setzt auf Viertagewoche, *Frankfurter Allgemeine Zeitung*, 04.12.2023, URL: https://www.faz.net/aktuell/wirtschaft/unternehmen/italien-brillenhersteller-luxottica-setzt-auf-viertagewoche-19360115.html
9 Janine Dengel: Mehrheit der Beschäftigten ist unzufrieden, *managerSeminare*, Juli 2023, URL: https://www.managerseminare.de/ms_Artikel/Mitarbeiterbindung-Mehrheit-der-Beschaeftigten-ist-unzufrieden,283612
10 Gemeinde wirbt mit Geld um Pflegekräfte, Österreichischer Gemeindebund, 05.04.2023, URL: https://gemeindebund.at/gemeinde-wirbt-mit-geld-um-pflegekraefte/
11 Karin Bauer: Wann macht der Job happy? *Der Standard*, 17.07.2023, URL: https://www.derstandard.at/story/3000000177989/wann-m

12 Vgl.: Christine Thiele: Verbundenheit am Arbeitsplatz führt zu Glück, *Jetztleben*, 04/2023, 17.07.2023, URL: https://zukunft-jetzt.deutsche-rentenversicherung.de/archiv/042023/verbundenheit-am-arbeitsplatz-fuehrt-zu-glueck/

Wie es ein Wort aus dem Wald in die Wirtschaft geschafft hat

1 Nachhaltigkeit, KLEXIKON, URL: https://klexikon.zum.de/wiki/Nachhaltigkeit

2 Ann-Christin Schubert: Beauty-Pionierin Susanne Kaufmann über Glaubwürdigkeit und die neue Nachhaltigkeitswelle, *Vogue*, 23.11.2018, URL: https://www.vogue.de/beauty/artikel/susanne-kaufmann

3 Vgl.: Agentur für Forschung: Wahrnehmung von »Nachhaltigkeit«: Bericht zur qualitativen Studie (Berichte für das Bundespresseamt). Mannheim 2020, URL: https://www.ssoar.info/ssoar/bitstream/handle/document/67119/ssoar-2020-Wahrnehmung_von_Nachhaltigkeit_Bericht_zur-1.pdf?sequence=4&isAllowed=y&lnkname=ssoar-2020-Wahrnehmung_von_Nachhaltigkeit_Bericht_zur-1.pdf

4 Vgl.: Statista 2024: Unternehmen in Deutschland: Anzahl der rechtlichen Einheiten in Deutschland nach Beschäftigtengrößenklassen im Jahr 2022, URL: https://de.statista.com/statistik/daten/studie/1929/umfrage/unternehmen-nach-beschaeftigtengroessenklassen/

5 Vgl.: Viele Unternehmen verfehlen ihre eigenen Klimaziele, *SPIEGEL*, 16.11.2023, URL: https://www.spiegel.de/wirtschaft/klimaziele-viele-unternehmen-verfehlen-die-selbst-gesetzte-begrenzung-ihrer-emissionen-a-d3d09b64-a554-438b-9685-e46b6d3567d9

6 Viele Unternehmen verfehlen ihre eigenen Klimaziele, *SPIEGEL*, spiegel.de, 16.11.2023; URL: https://www.spiegel.de/wirtschaft/klimaziele-viele-unternehmen-verfehlen-die-selbst-gesetzte-begrenzung-ihrer-emissionen-a-d3d09b64-a554-438b-9685-e46b6d3567d9

7 Borderstep Institut, Green Startup Monitor, 29.03.2023; URL: https://www.borderstep.de/projekte/green-startup-monitor/

8 MINTEL, The eco gender gap, 27.07.2018, URL: https://www.mintel.com/press-centre/the-eco-gender-gap-71-of-women-try-to-live-more-ethically-compared-to-59-of-men/

9 Anja Braun: Studie aus Schweden: Männer schaden dem Klima mehr als Frauen, *SWR Wissen*, 22.07.2021, URL: https://www.swr.de/wissen/maenner-verhalten-sich-klimaschaedlicher-als-frauen-100.html

10 Jasmine Wallis, Stephanie Alvarez: Warum ist Nachhaltigkeit eigentlich eher Frauen- als Männersache?, REFINERY29, 27.10.2023, URL: https://www.refinery29.com/de-de/nachhaltigkeits-kluft?utm_source

11 Ebd.

12 Soll ich Männer zwangsweise in Rente schicken?, *Frankfurter Allgemeine Zeitung*, 24.09.2011, URL: https://www.faz.net/aktuell/wirtschaft/wirtschaftspolitik/daimler-chef-wettert-gegen-frauenquote-soll-ich-maenner-zwangsweise-in-rente-schicken-11369112.html

13 Nach Angaben der Mercedes-Benz Group AG, Stand 31.12.2022.

14 Förderung von Frauen, Mercedes-Benz Group, 03.03.2013, URL: https://group.mercedes-benz.com/verantwortung/mitarbeitende/chancengleichheit-fuer-frauen.html

15 Frauen in Führungspositionen, DESTATIS Statistisches Bundesamt, URL: https://www.destatis.de/DE/Themen/Arbeit/Arbeitsmarkt/Qualitaet-Arbeit/Dimension-1/frauen-fuehrungspositionen.html

16 Jasmine Wallis, Stephanie Alvarez: Warum ist Nachhaltigkeit eigentlich eher Frauen- als Männersache?, REFINERY29, 27.10.2023 URL: https://www.refinery29.com/de-de/nachhaltigkeits-kluft?utm_source

17 Phillip Holstein: Können Konzerte klimaneutral sein?, *Rheinische Post*, 21.112023, URL: https://rp-online.de/kultur/nachhaltige-konzerte-wie-coldplay-den-betrieb-gruener-macht_aid-101400129

18 World Wildlife Fund: Gute Beispiele für nachhaltiges, sozial-ökologisches Wirtschaften in planetaren Grenzen, WWF Deutschland, URL: https://www.br.de/nachrichten/bayern/regionaler-kuemmel-aus-bayern-erfolgreich-geerntet,TLZ2331

Greenwashing – Unsaubere Geschäfte auf Kosten der Umwelt

1 Eintrag »Greenwashing«, *Gablers Wirtschaftslexikon*, URL: https://wirtschaftslexikon.gabler.de/definition/greenwashing-51592

2 Nachhaltigkeit (nachhaltige Entwicklung), Bundesministerium für wirtschaftliche Zusammenarbeit und Entwicklung, URL: https://www.bmz.de/de/service/lexikon/nachhaltigkeit-nachhaltige-entwicklung-14700

3 Greenwashing – woran du nachhaltige Unternehmen erkennst, kununu, URL: https://news.kununu.com/greenwashing-woran-du-nachhaltige-unternehmen-erkennst/

4 Vgl.: Green Fares: Nachhaltigeres fliegen, Lufthansa, URL: https://www.lufthansa.com/de/de/green-fare

5 Vgl.: EU-Richtlinie gegen Greenwashing, 11.04.2023, URL: https://www.europaregion.info/bruessel/aktuelles/details/eu-richtlinie-gegen-greenwashing/
6 Vgl.: Werden Sie mit HiPP zum Klimaschutzexperten, HiPP GmbH & Co. Vertrieb KG, 09.01.2024, URL: https://www.hipp.de/ueber-hipp/klimaschutzexperten/
7 Werden Sie mit HiPP zum Klimaschutzexperten, HiPP GmbH & Co. Vertrieb KG, hipp.de, 09.01.2024; URL: https://www.hipp.de/ueber-hipp/klimaschutzexperten/
8 Babybreihersteller Hipp will »klimapositiv« sein: Was hinter solchen Ansagen steckt, *DER STANDRAD*, 08.01.2024;, URL: https://www.derstandard.at/story/2000142345885/babybreihersteller-hipp-will-klimapositiv-sein-was-hinter-solchen-ansagen-steckt
9 Greenwashing mit CO_2-Zertifikaten – Wie Konzerne beim Klimaschutz tricksen können, *ZDF heute*, 25.11.2023, URL: https://zdfheute-stories-scroll.zdf.de/greenwashing-co2-zertifikate/index.html
10 Ebd.
11 Ebd.
12 Immanuel Kant: *Zum ewigen Frieden – Ein philosophischer Entwurf*, Reclam, Ditzingen 2022.

Auf dem Holzweg: Oder auf der Suche nach der großen Lösung

1 Vgl.: Waldbrandstatistik 2022, Bundesamt für Ernährung und Landwirtschaft, URL: https://www.bmel-statistik.de/forst-holz/waldbrandstatistik
2 Karl R. Popper: *Alles Leben ist Problemlösen*, Piper Taschenbuchverlag, München 1996.
3 5 Tipps, Probleme lösen zu lernen, Wirtschaftskammer Österreich, URL: https://marie.wko.at/unternehmertum/5-tipps-probleme-loesen-zu-lernen.html
4 Ebd.
5 Mit Commons gegen den Klimawandel, Österreichische Akademie der Wissenschaften, 13.11.2022, URL: https://www.oeaw.ac.at/news/mit-commons-gegen-den-klimawandel
6 Eintrag »Motivation«, Wikipedia, URL: https://de.wikipedia.org/wiki/Motivation
7 Lisa Maria Gasser: Ein Haus als Brücke, *SALTO*, URL: https://salto.bz/de/article/13092023/ein-haus-als-bruecke
8 Ebd.
9 Das kannst du als Einzelperson wirklich fürs Klima tun, *Quarks*, URL: https://

www.quarks.de/umwelt/klimawandel/das-kannst-du-als-einzelperson-wirklich-fuers-klima-tun/

10 Ebd.

Zurück zu den Wurzeln – Nachhaltigkeit machen und vormachen

1 Vgl.: McKinsey-Studie: Nachhaltigkeit ist das neue Must-have, McKinsey, 07.10.2019, URL: https://www.mckinsey.de/news/presse/2019-10-17-mckinsey-studie-nachhaltigkeit-ist-das-neue-must-have

2 Ebd.

Der grundlegende Wandel – Oder warum dauert das so lange?

1 Eintrag »Transformation«, Wikipedia, URL: http://www.wikipedia.org/wiki/Transformation_(Betriebswirtschaft)

2 *Der Stadtneurotiker*, filmzitate.info, URL: http://www.filmzitate.info/index-link1.php?link=http://www.filmzitate.info/suche/film-zitate.php?film_id=1423

3 Ebd.

4 Dr. Stefan Fourier: Transformation ist nichts für Bestimmer, URL: http://www.humanagement.de/news-wissen/humanagement-blog/transformation-ist-nichts-fuer-bestimmer

5 Vgl.: Erneuerbare Energien liefern erstmals mehr als die Hälfte des Stroms, *Süddeutsche Zeitung*, URL: http://www.sueddeutsche.de/wirtschaft/stromerzeugung-erneuerbare-energien-anteil-deutschland-wetter-1.6327879

6 Vgl.: Erneuerbare Energien in Deutschland, Umweltbundesamt, URL: https://www.umweltbundesamt.de/sites/default/files/medien/1410/publikationen/2020-04-03_hgp-ee-in-zahlen_bf.pdf

7 Nicole Mühlberger: Wo Deutschland besser ist als sein Ruf, *Quer, BR-Fernsehen*, URL: https://www.br.de/br-fernsehen/sendungen/quer/231214-quer-deutschland-stabil-100.html

8 Ebd.

9 Ebd.

10 Respektable Bilanz – aber schlechtes Image, *Tagesschau*, 12.09.2023, URL: https://www.tagesschau.de/inland/studie-halbzeitbilanz-ampel-100.html

11 Nicole Mühlberger: Wo Deutschland besser ist als sein Ruf, *Quer, BR-Fernsehen*, URL: https://www.br.de/br-fernsehen/sendungen/quer/231214-quer-deutschland-stabil-100.html

Tiefgreifende Veränderungen aufgreifen, begreifen und kommunizieren

1 Pia Kapp: Die Bedeutung von Future Skills und die treibende Kraft der Mitarbeitenden in Organisationen, URL: https://www.update-training.com/blog/future-skills/

2 Laura Cwiertnia, Marcus Rohwetter: Wir sind nicht die Konsumentenpolizei, *DIE ZEIT* Nr. 3, 11.01.2024, URL: https://www.update-training.com/blog/future-skills/

Was bringt künstliche Intelligenz? Und wie bringt sie uns weiter?

1 Vgl.: Monika Schnitzer: KI eröffnet gute Chancen, den Fachkräftemangel zu lindern, *Frankfurter Allgemeine Zeitung*, 14.11.2023, URL: https://www.faz.net/suche/?query=KI+er%C3%B6ffnet+gute+Chancen%2C+den+Fachkr%C3%A4ftemangel+zu+lindern

Das narrative Unternehmen – was man sich in Zukunft erzählen wird

1 Berthold Brecht: *Mutter Courage und ihre Kinder*, Suhrkamp Verlag, Berlin 1999.

ÜBER DEN AUTOR

© Michael Größinger

Jakob Lipp ist auf der Bühne zu Hause. Seit über 20 Jahren steht der Kommunikationsprofi aus dem bayerischen Voralpenland vor Publikum – und das in ganz Europa.

Begonnen hat er seine Karriere als Mentalist. In seinen Bühnenshows brachte er die Zuschauer mit einem Mix aus Psychologie, Suggestion, Unterhaltung und Gedächtniskunst zum Staunen.

Durch seine langjährige Bühnenerfahrung und sein vielfach preisgekröntes »Spiel« mit dem Publikum hat Jakob Lipp ein unglaubliches Gespür dafür entwickelt, wie Menschen »ticken«, wie Menschen denken und wie Menschen kommunizieren – ob nun verbal oder nonverbal.

Seine Botschaft: Kommunikative Kompetenz ist der Schlüssel zum Erfolg. Sein wertvolles Wissen gibt er heute als Keynote Speaker, Gastredner und Mutmacher weiter.

Jakob Lipp inspiriert, begeistert und motiviert insbesondere Führungskräfte in Theorie und Praxis eines menschenorientierten Führungsansatzes. Seine unkonventionellen Denkansätze machen Mut, verändern das Mindset und geben neue, wichtige Impulse für die Menschenführung.